호류지를 지탱한 나무

호류지를 지탱한 나무

1300년을 견딘 나무의 비밀

초판 1쇄 펴낸날 2021년 7월 20일
지은이 니시오카 츠네카즈, 고하라 지로
옮긴이 한지만
펴낸이 이상희
펴낸곳 도서출판 집
디자인 조하늘

출판등록 2013년 5월 7일
주소 서울 종로구 사직로8길 15-2 4층
전화 02-6052-7013
팩스 02-6499-3049
이메일 zippub@naver.com

ISBN 979-11-88679-10-2 03540

• 잘못 만들어진 책은 바꿔드립니다.
• 책값은 뒤표지에 쓰여 있습니다.

호류지를 지탱한 나무

1300년을 견딘
나무의 비밀

니시오카 츠네카즈·고하라 지로 지음

한지만 옮김

집

옮긴이의 말

이 책은 니시오카 츠네카즈(西岡常一, 1908~1985)와 고하라 지로(小原二郎, 1916~2016)가 쓴 《法隆寺を支えた木》(NHK출판, 1978)의 2019년 개정판을 번역한 것이다. 일본인과 히노키라는 나무에 관한 이야기로, 제목에서 알 수 있듯이 히노키로 지어진 호류지(法隆寺)의 목조 건축물이 1300년 이나 견딜 수 있었던 이유를 두 저자가 각자의 방식으로 풀었다.

니시오카는 대대로 호류지에 소속되어 가람 수리를 전담해온 목수 집안에서 태어나 유년시절부터 할아버지로부터 철저하게 목수 수업을 받은 가문의 마지막 목수였다. 니시오카는 오랜 목수 수업에 이어 20세기 중엽 반세기에 걸쳐 진행된 호류지 대수리, 나라(奈良) 지역의 고대 목조건축의 수리와 복원 등을 통해 몸소 배우고 경험한 것을 토대로 호류지의 히노키가 1300년을 견딜 수 있는 이유를 담담하게 이야기한다. 나무에도 제2의 생이 있어서 산에서 1000년을 산 나무는 건물의 기둥이되어서도 그만큼의 시간을 산다고 한다. 유능한 목수는 나무가 제2의 생을 온전히 살 수 있도록 도움을 주는 사람으로 나무가 자란 환경부터 면밀히 관찰하고 그 성질을 잘 파악해 적재를 적소에 사용할 수 있어야 한다고 했다.

고하라는 목재공학 연구자이다. 실험실에서 히노키를 현미경으로 관찰하고 여러 가지 과학적 실험을 하면서 목수 니시오카의 이야기와 짝을 맞추어 나간다. 그리고 히노키가 건축물에 사용된 다른 나무에 비해 오래도록 강도가 유지되는 이유를 과학적인 입장에서 알기 쉽게 설명해 준다.

고하라는 여기서 그치지 않고 실험실을 벗어나 일본인이 옛날부터 건축재료뿐 아니라 조각의 재료로 히노키를 사용하게 된 이유를 문화사적 관점에서 설명한다. 목재의 표면에 대해 일본인이 느끼는 미감, 생물 재료로서 나무를 대하는 일본인의 태도 등이다. 이 과정에서 소개되는 고대 한국과 일본의 목재와 목조 문화의 왕래, 비슷하면서 다른 두 나라의 차이에 대한 나름의 설명도 흥미롭다. 이야기는 더욱 확장되어 히노키를 즐겨 사용했던 일본과 참나무를 최고로 쳤던 유럽의 문화를 각각 침엽수와 활엽수의 문화로 대비시켜 그것이 주는 미감의 차이로 일본 문화의 고유성을 이야기한다.

마지막으로 시간을 거슬러 역사 속으로 들어간다. 교통수단이 발달하지 못했던 과거의 역대 도성과 대형 건축물을 건설할 때 이용된 목재의 산지와 운송 경로를 고증해 보여주면서, 도성에 가까운 지역부터 숲이 황폐해지고 히노키가 고갈되어 가는 과정을 설명한다. 고대에 남벌로 황폐해진 산이 일으킨 홍수로 쓸려 내려간 흙이 지금의 오사카 땅을 만들었다는 이야기는 나무를 인간의 생활과 건축을 넘어 지구환경의 보존과 직결되는 대상으로 보아야 한다는 위기의식을 절감하게 한다.

이것과 관련해 임업 전문가 오자키 켄(尾崎謙)은 일본의 지역별 히노키 산지와 특징 소개에 더해, 이미 에도시대부터 본격적인 인공조림을 시작해 고갈되어 가는 히노키 숲을 지키기 위해 노력한 역사를 알려준다. 그럼에도 고대의 사찰을 복원할 수 있는 정도의 나무를 더 이상 일본 안에서는 구할 수 없게 되었다는 사실은, 인간과는 다른 차원의 시간을 사는 자연 앞에서 우리가 얼마나 겸손해야 되는지 곱씹게 한다.

이 책이 출간된 지 벌써 40년 지났다. 그러나 따뜻하고 애정 어린 눈으로 나무를 관찰하고 그 내면에 대해, 또 인간과의 관계에 대해 핵심을 짚어 가면서도 겸손한 태도로 이해하기 쉽게 이야기를 풀어가는 저자들의 경험과 내공의 깊이가 결코 얕지 않기에 지금도 우리에게 주는 울림의 깊이는 여전하다. 근대 이후 유례없는 목조건축 붐이 일고 있는 지금의 상황이 새삼 이 책을 다시 펼치게 한다.

이 책은 히노키를 소재로 일본의 목조 문화를 다루고 있지만 마찬가지로 목조 문화를 이어온 우리나라에서 21세기에 들어와 다시 목조건축에 대한 관심이 커지는 이유에 대해서도 짐작해 볼 수 있는 계기가 될 것이다. 또 그 이유를 알면 앞으로의 목조건축이 지향해야 할 방향을 가늠하는 데도 도움될 것이라고 나는 생각한다.

목조건축에 관심이 많은 일반인과 학생, 그리고 관련 분야 기술자, 연구자들께 읽어 보기를 권한다. 처음 읽을 때는 좀처럼 우리의 눈과 귀에 익숙해지기 어려운 일본의 지명, 이름, 각종 명칭은 그냥 넘기면서 나무 자체에 관한 내용만 따라가 보기를 권한다. 그 다음에 관심이 더 생기면 그때 시대, 지명, 명칭, 인명 등을 짚어가며 읽으면 알아가는 재미가 더욱 풍부해지는 것을 느낄 수 있을 것이다. 그리고 그때 보이는 우리 곁의 나무와 숲과 자연, 우리의 목조 문화와 건축이 이전과는 다른 모습으로 다가올 것이다. 그래서 오래된 목조 건축물을 답사하면 이제는 그야 말로 건물에서 담담하게 제2의 생을 살고 있는 나무를 만지며 손끝으로 전해지는 따뜻함을 느끼고 위로를 받게 될 것이다. 나 역시 그랬다. 고하라가 말하는 생물 재료가 가지는 매력이 바로 이것이다.

이 책을 알게 된 것은 2013년에 모교 성균관대학교 건축학과의 스승 이상해 교수님을 통해서였다. 일본 유학중이던 2007년 2월에 연구실 제자들을 이끌고 교토(京都), 고베(神戸) 일대로 답사 오셨을 때 동행한 일정의 마지막 즈음에 서점에 들러서 이 책을 찾으셨는데 그때는 구해드리지 못했다. 우연히 도쿄(東京)의 한 서점에서 이 책을 보고선 그때의 기억이 떠올라 사서 읽어 보니 멈출 수 없을 정도로 빠져들었다. 언젠가는 이 책을 한국에 소개하고 싶다는 생각만 하고 있다가 이제야 밀린 숙제를 하는 기분으로 우리말로 옮겼다. 그 사이 가버린 시간이 정말 쏜살같다.

아무리 내 전공과 관련된 분야의 책이지만 막상 출판을 예정하고 번역문을 다듬으면서 적잖은 어려움과 글의 무서움도 느꼈다. 혹여 글에 어설픈 곳이 있더라도 그것은 온전히 번역자의 실력 부족 때문이니 너그러운 아량으로 봐주고, 잘못 번역된 부분이나 역자 해설의 오류가 있으면 주저 없는 질정을 바란다.

2021년 6월
한지만

머리말

일본인만큼 나무를 좋아하는 민족은 많지 않다. 나무를 다루는 기술 역시 세계 제일이다. 일본의 목조문화는 침엽수의 백목(白木)*을 중심으로 발달했다. 세계에서 백목을 좋아하는 민족은 북유럽인과 일본인인데, 각각 전통이 다른 것처럼 나무를 다루는 방법에서도 근본적인 차이가 있다. 그것은 일본인이 나무 이외의 재료로는 건물을 짓지 않았던 역사를 보더라도 알 수 있다.

메이지(明治, 1868~1911) 초엽까지 사람들은 무명천과 나무 안에서 생활했다. 그러나 기술혁신으로 인해 나무는 점차 시대에 뒤떨어진 성가신 재료가 되어갔다. 십여 년 전까지만 해도 나무는 더 이상 필요 없게 될 것이라고 할 정도였다. 이러한 추세는 무명천에 대해서도 마찬가지였다. 그러나 최근 들어 사정이 변했다. 나무나 무명천의 장점을 재평가

---

* 다듬기만 하고 칠을 하지 않은 상태로 사용하는 목재. 각주는 모두 역자가 추가했다.

호류지를 지탱한 나무

하려는 움직임이 일기 시작했다. 우리는 지금 철과 콘크리트에 둘러싸여 유리와 플라스틱을 사용하면서 무엇인가 초조함 같은 것을 느끼곤 한다. 그리고 때로는 나무와 같은 소박한 재료에 마음이 끌려 그것과 조용히 이야기를 나누고 싶어질 때도 있다.

나무에 관한 지식을 얻는 방법은 두 가지가 있다. 하나는 전문가가 쓴 책을 읽는 것이고, 다른 하나는 나무를 실제로 다뤄온 장인들의 이야기를 듣는 것이다. 전자는 학자들이 쓴 글이기 때문에 논리적으로 정리된 이야기로서는 이해가 잘 된다. 그러나 뭔가 중요한 것이 빠져있는 듯한 생각이 들 때가 있다. 그것이 무엇이냐고 물어도 답하기는 쉽지 않지만, 실물과 결부되어 있지 않아서 생기는 답답함 정도라고 할 수 있다.

후자는 오랜 시간 건축이나 조각 혹은 목공품을 손수 만들어 온 장인들의 이야기이다. 거기에는 마음에 와닿는 무언가가 있는데, 장인의 철학이라고 할 만한 의미도 함축되어 있지만 단편적이어서 이해하기 어려운 아쉬움이 있다. 그것을 보완해 주는 학문적인 설명을 듣게 되면 비로소 그 예리한 관찰력에 감탄하기도 하지만, 장인들의 표현은 소박하기 때문에 그 참뜻을 이해하기는 쉽지 않다. 그래서 예전부터 장인들의 보석이 감춰져 있는 말에 학문적인 해설을 더하면 재미있는 책이 될 수 있을 거라고 생각하고 있었다. 그것이 이 책을 내게 된 동기이다.

이 책은 목수 니시오카 츠네카즈의 이야기에 내가 해설을 덧붙인 것이다. 니시오카에 대해서는 새삼 다시 소개할 필요도 없을 것이다. 쇼와(昭和, 1926~1988) 최후의 미야다이쿠(宮大工)**로 불리며 오랜 기간 호류

** 주택이 아니라 사원이나 신사, 궁궐의 건물을 짓고 수리하는 것을 전문으로 하는 목수

지 수리에 관여했고, 이후 호린지(法輪寺) 삼중탑, 야쿠시지(藥師寺) 금당을 재건했으며, 지금은 야쿠시지 서탑 복원의 도편수이다. 나무를 이야기할 때 이분이 당대 일인자라는 것에는 반론이 없을 것이다. 니시오카와의 만남은 졸저 《나무 문화(木の文化)》에 그가 깊은 관심을 보인 것에서 비롯되었다. 니시오카의 이야기를 들을 때마다 그 말의 사소한 부분에서조차 보이는 예리한 통찰력에 진심으로 감탄했다. 어떻게 해서든 이 귀중한 지혜를 후세에 전하고 싶었다. 그러나 그의 말 그대로는 이해하기 어려운 부분이 있을 것이다. 미흡하나마 내가 니시오카의 이야기를 보완한다면 그 깊은 지혜의 일부라도 후배들에게 전할 수 있고, 또 일반인도 나무에 흥미를 갖게 될지도 모른다는 생각에서 이 책을 낸 것이다.

이 책은 먼저 니시오카가 나무에 대한 이야기를 하고, 그중 중요한 것에 대해 내가 보충 설명을 더하는 형식을 취했다. 니시오카는 지금 야쿠시지 서탑의 재건에 전념하고 있다. 금당 재건 이후에 건강을 해쳤기 때문에 서로 충분한 시간을 내지 못한 아쉬움은 있지만 앞에서 말한 취지에서 벗어나지 않도록 가능한 한 노력했다고 생각한다.

마지막 장인 "히노키 단상"은 오자키 켄 씨가 특별히 써주었다. 오자키 씨는 야쿠시지 금당 재건에 사용된 목재를 타이완에서 수입할 당시 스미토모임업(住友林業)에 재직하면서 니시오카를 도왔던 분이다. 이 장은 풍부한 경험을 가진 그가 사용자의 관점에서 쓴 나무 이야기이다.

또 일부는 NHK 방송 〈야쿠시지 재건(藥師寺再建)〉과 〈미의 비밀: 두 미륵보살상(美の秘密: 二つの彌勒菩薩像)〉에서 니시오카와 내가 각각 따로 출연해 이야기한 내용이다. 방송 때 신세진 분들께 감사를 표한다. 마지막으로 덧붙이고 싶은 것은 스즈키 마사루(鈴木勝) 씨의 협조다. 그는 니시오카의 원고를 정리하는 일을 맡아 주었다. 그 노력에 진심으로 감사

호류지를 지탱한 나무

를 전한다. 그리고 타구치 히로시(田口汎) 씨는 때때로 좌절하면서도 나를 격려해 책을 마무리할 수 있도록 응원해 주었다. 이분들의 호의에 힘입어 비로소 이 책이 세상에 나올 수 있게 되었다. 다시 감사의 말씀을 전한다.

이 책이 나무에 흥미를 가진 분들에게 조금이나마 도움이 될 수 있다면 그보다 더한 행복은 없을 것이다.

1978년 6월

고하라 지로

이 책은 NHK 북스 318 《法隆寺を支えた木》(西岡常一, 小原二郎 저)를 저본으로 읽기 편하도록 재편집해 간행한 것입니다. 이 책에는 최신의 연구성과와 반드시 일치하지 않는 내용이 있지만, 저자가 고인인 점을 감안하고, 원전을 존중한다는 측면에서 초판 발행 당시의 내용 그대로 하였습니다.

차례

제 1 장

아
스
카
와
나
무

1. 호류지 목수

제일 행복한 사람

아스카시대(飛鳥時代, 592~710) 창건 이래 쇼와(昭和, 1926~1989) 대수리까지 1300년 동안 호류지의 건물을 만들고 유지해 온 장인은 셀 수 없을 정도로 많았을 것입니다. 나는 그중에서 어느 시대의 누구보다도 제일 행복한 사람이라고 자부합니다.

이미 잘 알려진 것처럼 호류지는 목조건축의 보고입니다. 세계에서 가장 오래된 목조건축물로 알려진 아스카양식의 건축물을 정점으로 나라(奈良, 710~794), 헤이안(平安, 794~1185), 가마쿠라(鎌倉, 1185~1333), 난보쿠초(南北朝, 1336~1392), 무로마치(室町, 1336~1573), 모모야마(桃山, 1573~1603), 에도(江戶, 1603~1868)시대 건축의 정수가 집약되어 있으며, 문과 담장을 포함해 국보와 중요문화재로 지정된 것이 48동이나 있습니다.

호류지의 쇼와 대수리는 1934년부터 1954년까지 20년에 걸쳐 이루어졌습니다.* 이 대수리에서 마지막으로 남은 호류지 목수로서 아버지가 총동량(總棟梁), 나와 사촌 동생 야부우치 나오조(藪内直蔵), 그리고 동생 나라지로(楢二郎, 1978년 2월 7일 사망)가 동량(棟梁)**으로 참여해 주요 건물의 해체 수리를 맡았습니다.

내가 어느 시대 어느 장인보다 제일 행복한 사람이라고 자부하는 까닭은 대수리 현장에서 각 시대의 선조들이 혼신을 다한 기술과 솜씨를 직접 내 눈으로 보고 손으로 만지며 체득할 수 있었기 때문입니다.

나는 호류지 목수로 태어나고 자랐습니다. 호류지 목수가 아니더라도 목수에게는 현장이 가장 좋은 교실입니다. 말이나 교재만으로 목수의 솜씨는 좋아지지 않습니다. 또 좋은 현장 체험 없이는 제대로 된 한 사람의 목수로 성장할 수 없습니다.

옛날에는 유명한 장인의 기술을 몰래 익히기 위해 경쟁 상대가 신분을 숨기고 제자로 들어가 현장에서 조금씩 뜻한 바를 이루었다는 이야기도 있습니다. 목수가 훌륭한 솜씨를 익히기 위해 그 정도의 고생은 당연하다고 여겼을 것입니다.

옛날의 명인이나 기술자를 살려내어 그 신묘한 기술을 배우기는 불가능합니다. 그들이 지은 건물을 조사하고 그것을 통해 배우는 수밖에 없습니다.

---

* 실제 쇼와 대수리(昭和の大修理)는 1934년부터 1985년까지 반세기에 걸쳐 이루어졌다. 그 사이 1941년부터 1945년까지는 일본이 일으킨 태평양전쟁으로 인해 공사 현장이 거의 중단되는 정도의 어려움을 겪었고, 1949년에는 금당의 벽화를 모사하던 중에 화재가 발생해 1층의 상당 부분이 소실되기도 했는데, 당시 2층 부분은 해체한 부재를 다른 곳으로 옮겨 두었기 때문에 다행히 피해를 면할 수 있었다.

** 동량(棟梁)은 일본의 건축 시공 현장에서 목수의 우두머리를 지칭하는 말로, 우리의 편수(片手)에 해당하며, 총동량(総棟梁)은 대규모 공사에서 동량 전체를 이끄는 총괄 책임자로 우리의 도편수(都片手)에 해당한다.

호류지를 지탱한 나무

호류지 쇼와 대수리 현장

이런 이유에서 다양한 시대의 건물을 두루 살펴보고 해체공사를 할 수 있었다는 것은 더할 나위 없는 기쁨이었습니다. 행복합니다. 호류지의 1300년 역사에서 각 시대의 건물을 직접 눈과 손으로 확인하고 각 건물의 기법을 체득할 수 있었던 목수는 아마도 우리가 처음일 것입니다. 내가 제일 행복한 사람이라고 자부하는 것은 바로 이것 때문입니다.

최후의 동량

그러나 제일 행복한 사람에게도 여러 가지 고충이 있었고 지금도 있습니다.

쇼와 대수리는 태평양전쟁이 격화된 1943년부터 개점 휴업 상태였습니다. 젊은이나 일할 수 있는 사람이 전쟁터나 공장에 끌려갔기 때문입니다. 남은 사람은 여자와 아이, 노인뿐이었고 나처럼 전쟁터에서 돌아온 사람이 수리 현장에 있을 수 있었다는 것은 거의 기적에 가까운 일이었습니다. 그런 와중에 우리는 호류지의 금당과 오중탑을 해체한 주요 부재나 불상을 비롯한 귀중한 문화재를 여러 장소에 분산 보관하는 일을 계속했습니다. 나머지 건물에는 위장 도색을 하고 방공호도 만들었습니다. 지금 생각해보면 모두 누더기를 걸치고 배를 곯아 휘청거리면서도 용케 해냈습니다.

전쟁이 끝나기 전 1945년 4월에 현역 입대를 포함해 다섯 번째 징집 영장이 나왔습니다. 전쟁이 끝나고 내가 한국에서 되돌아온 것은 그해 10월이었습니다.

돌아오자마자 바로 집 가까이 있는 호류지로 달려갔습니다. 그 무렵 호류지의 가람은 나의 전우주나 마찬가지였습니다. 할아버지와 아버지도 거기 계실 것 같았습니다. 새로운 활력이 전쟁 뒤의 허무함을 떨쳐내고 몸과 마음을 다잡아 주는 듯했습니다. 11월부터 나도 호류지의 쇼와 대수리에 참가했습니다.

당시 민간에서는 목수 임금이 하루에 50엔이었지만 호류지 수리는 국가사업이었기 때문에 공정임금인 5엔 50전이었습니다. 쌀 한 되 값이 25엔 할 때였습니다. 5엔 50전으로는 쌀을 두 홉밖에 살 수 없었기 때문에 생활은 아주 힘들었습니다. 그 후에 8엔 20전으로 오르긴 했지만 그런 터무니없는 임금은 1949년 1월 금당 소실(燒失) 이후까지 그대로였습니다. 전후의 악성 인플레이션과 식량난, 저임금으로 힘들었던 것은 우리만이 아니었습니다. 당시 호류지의 쇼와 대수리에 관여했던 벽화 모

호류지를 지탱한 나무

사 화가들, 학자, 건축기사 아니 일본 전체가 그랬을 것입니다. 또 이런 일도 있었습니다.

"네 자식들 좀 봐. 눈알이 튀어나올 정도로 야위었잖아?"

라며 옛 군대 전우가 보다못해 암거래 고무신을 마련해 주었습니다. 호류지 일이 없는 토, 일요일에는 고무신 행상을 다니며 겨우 생활해 나갈 수 있었습니다.

이러한 생활의 불안은 그 모습을 바꿔 지금도 항상 나를 따라다니고 있습니다.

미야다이쿠는 민가를 짓는 목수와 달라서 일이 없으면 3년이고 5년이고 놀 수밖에 없습니다. 나라의 일거리를 얻더라도 급여가 적기 때문에 생활은 편치 못했습니다.

옛날의 미야다이쿠는 업역이 넓었기 때문에 일이 많았고 급여도 좋아 생활은 편했습니다. 옛날에는 신사나 사찰 이외에 다리, 귀족이나 다이묘(大名)*의 저택을 짓는 일까지 미야다이쿠가 맡아 했습니다. 지금은 다리는 물론 대저택도 철근콘크리트가 당연한 것이 되었지요. 옛날 미야다이쿠는 민가 짓는 일을 했다가는 신이나 부처님께 벌을 받는다고 믿었고, 그런 자를 보면 더럽혀진 목수라 하며 우쭐거렸습니다. 지금 생각하면 꿈같은 이야기입니다.

그래서 아들 둘은 내 뒤를 이어 미야다이쿠가 되는 걸 원하지 않았습니다. 나도 그게 당연하다고 생각했고 두 아들이 샐러리맨이 되는 것을 말리지 않았습니다.

---

* 고대 헤이안시대부터 근세 에도시대에 걸쳐 각 지방에서 영토를 관할하고 실질적인 지배권을 행사했던 유력자

그러나 자식들에게마저 내 일을 외면받고 보니, 호류지 목수로서 동량으로서 누구보다 자부심있고 제일 행복한 사람이라 여기고 있었지만, 왠지 모르게 마지막 미야다이쿠가 되어버리지는 않을까 하는 생각이 엄습했습니다.

그런 적적함에 빠져있던 1966년 봄이었습니다.

"나도 이 오중탑을 만들 수 있는 미야다이쿠가 되고 싶습니다."

하며 호류지에 수학여행 온 도치기현(栃木縣)의 고등학생 하나가 불쑥 내 작업장에 나타났습니다.

"이 멍청한 놈아 미야다이쿠 일로 먹고 살 수 있을 것 같으냐?"

하며 호통을 쳐 보았습니다.

미야다이쿠가 되려면 먼저 민가 목수 수업도 필요하고, 당탑(堂塔)의 옛 구조와 기법을 알아야 하고, 다음에는 재료를 준비하는 공부를 해야 한다며 어려운 점을 잔뜩 이야기해 쫓아 보낼 궁리를 여러 가지로 해 보았습니다. 쫓아 보내기 위한 이런저런 작전에도 결국 굴하지 않았던 이 소년이 정말 대견하다고 생각했습니다. 나는 마침내 그 끈기에 졌고 소년이 고등학교를 졸업하던 1967년 봄에 나의 제1호 제자로 입문하는 것을 허락했습니다. 오가와 미츠오(小川三夫) 군입니다.

그 뒤로 어떻게 되었을까요? 인간의 집념은 무서운 것입니다. 제대로 된 미야다이쿠가 되려면 20년은 걸린다고들 하지만, 그 절반인 10년 만에 독립할 수 있을 정도로 성장했습니다. 물론 오가와 군의 유별난 노력이 있었다는 것은 말할 필요도 없습니다.

오가와 군이 우리 집에 기거하며 수업하고 있을 때 일입니다. 한밤중에 무슨 소리에 잠이 깨어 집 뒤 헛간에 가보니 오가와 군이었습니다. 내게 "연장을 엉망으로 갈아 놓았네."라고 잔소리를 들은 것이 분해서

잠자는 시간도 아까워하며 연장 가는 일에 열중하고 있었던 것입니다. 놀랐습니다. 오가와 군은 3년이라는 목수 수업의 상식을 깨고 겨우 1년 만에 나와 어깨를 견줄 정도로 연장 가는 솜씨를 익혔습니다.

1969년부터 중단됐던 호린지(法輪寺)* 삼중탑 재건이 1973년부터 재개되었는데, 오가와 군은 동량 대리로서 내 대역을 멋지게 해 주었습니다.

1977년 10월부터 시작된 야쿠시지(藥師寺)** 서탑 복원공사에서는 나를 대신해 오가와 군에게 동량을 맡길 생각이었습니다. 그러나 오가

---

* 호린지는 나라현(奈良縣) 이코마군(生駒郡) 이카루가초(斑鳩町)의 호류지 북쪽에 있는 사찰로 아스카시대에 창건되었다. 창건 당시 가람은 호류지와 마찬가지로 서쪽에 탑, 동쪽에 금당을 배치한 형식이었던 것으로 확인되었다. 창건 당시의 건축으로는 유일하게 삼중탑이 남아 있었으나 1944년 낙뢰에 의한 화재로 소실되었고, 1975년에 니시오카에 의해 재건되었다. 이밖에 창건 당시의 유물로 본래 금당에 안치되어 있었던 목조약사여래좌상과 목조허공장보살입상이 전하고 있다.

** 야쿠시지는 나라현 나라시(奈良市) 니시노쿄초(西ノ京町)에 위치한 사찰로 일본 법상종의 본산이며, 1998년 '고도 나라의 문화재'의 하나로 세계유산에 등록되었다. 아스카시대 말 680년 텐무(天武)천황이 황후의 병을 치료하기 위한 염원을 담아 당시의 도성 후지와라쿄[藤原京. 지금의 나라현 가시하라시(橿原市)·아스카무라(明日香村) 일대]에 건립을 발원해 사찰을 지었고, 이후 나라시대 초 710년에 도성을 헤이조쿄(平城京. 지금의 나라현 나라시 일대)로 옮길 때 사찰도 지금의 자리로 옮겨 지었다. 가람의 형태는 금당 앞 동·서 양쪽에 각각 탑을 세우는 쌍탑식 가람이었다. 장구한 세월이 지나며 나라시대의 건축으로는 동탑만 남아있었으나, 1960년대 이후 주지 다카다 코신(高田好胤)이 경전을 필사하는 사경(寫經)불사를 통해 신자들로부터 기금을 모아 가람 재건사업을 추진해 1976년 금당 재건을 시작으로 서탑(1981), 중문(1984), 회랑(1995), 대강당(2003), 식당(2017) 등이 차례로 재건되었다. 이 가운데 금당과 서탑 재건은 니시오카가 동량을 맡았다. 최근에는 2009년부터 2020년까지 동탑 해체 수리가 이루어졌다.

와 군은

"생계가 보장되지 않는 미야다이쿠들이 먹고 살 수 있도록 하는 것이 먼저다."

라고 하면서 복원공사에 앞서 그해 5월 내 곁을 떠났습니다. 오가와 군은 야마토코리야마시(大和郡山市)에서 두세 명의 동료와 함께 가게를 열었습니다. 불단과 탁자와 같은 옛 양식의 가구나 각종 예불 도구를 만드는 한편으로, 전국의 문화재 건조물의 수리를 맡아 할 작정이었던 듯했습니다.

오가와 군이 잘 성장해 주면 최후의 미야다이쿠가 될 수 있을 것이라는 믿음이 생기자 몸도 쇠약해지고 앞으로 남은 시간이 얼마 없었던 내 기분은 얼마나 홀가분했는지 모릅니다. 적어도 호류지 목수인 내게 전수받은 것이 오가와 군에게 남아있다면, 그것이 꼭 후세에 전해지기를 바랐습니다.

호류지 목수로서는 내가 마지막이라는 것을 통감하게 된 또 다른 이유 하나가 있습니다. 그것은 히노키(檜) 때문입니다.

일본의 오래된 건물을 지탱하고 있는 양질의 큰 히노키 재목은 이미 일본 내에서는 구할 수 없게 되었습니다. 다 베어버려서 남아있는 것이 거의 없습니다. 호류지나 야쿠시지 재건을 다시 하게 된다면 앞으로 수백 년, 아니 수천 년 이상 기다리지 않는 이상 쓸 만한 히노키는 구할 수 없습니다.

마지막으로 의지했던 타이완의 히노키도 바닥을 드러내고 있다고 들었습니다. 히노키로 만들어진 당탑 가람 한 길만을 추구하고, 오직 거기에서 삶의 가치를 찾을 수 있었던 나 같은 미야다이쿠는 시간이 지나면서 사라져 버리게 되는 건 아닐까요. 세계 어딘가에서 히노키를 대신

호류지를 지탱한 나무

할 만한 좋은 목재를 찾을 수 있을까, 고대 건축물을 보존하기 위해 다른 방법을 생각해야 할 때가 바로 눈앞에 닥쳐온 듯합니다.

지붕 위의 당상관

본래 호류지는 쇼토쿠태자(聖德太子, 574~622) 일족의 사찰이었습니다. 그 뒤로 태자신앙이 유행하면서 황실사찰 혹은 국가사찰로서의 성격이 짙었다고 들었습니다. 스이코(推古)천황*과 쇼토쿠태자가 요메이(用明)천황의 유지를 받들어 건립한 사찰이기 때문에 당연히 그랬을 것입니다.

호류지의 본존을 안치한 건물은 금당입니다. 금당 안에는 쇼토쿠태자를 위한 석가삼존상, 동쪽 칸에는 요메이천황을 위한 약사여래상, 서쪽 칸에는 황후를 위한 아미타여래상이 안치되어 있습니다.

이 불상들은 오랫동안 존귀한 사람 그 자체 혹은 그들을 대신하는 것으로 여겨졌을 것입니다. 따라서 호류지의 많은 건물은 궁궐에서 천황이 머무는 청량전(淸涼殿)이나 자신전(紫宸殿) 혹은 그 이상의 것으로 간주되었을 것입니다.

그래서 호류지의 건물을 수리할 때 지붕 위에 올라가는 동량은 궁궐의 관습에 따라 당상관(堂上官) 대우를 받았다고 합니다. 그것은 당상관이 아닌 낮은 계급의 사람이 건물 안에 들거나 높은 사람의 머리 위에 있는 지붕에 오르는 것이 심한 무례라고 여겼기 때문일 것입니다. 호류

---

* 31대 요메이천황(用明, 585~587 재위)의 황후이자 쇼토쿠태자의 생모가 되며, 나중에 여성 최초로 33대 천황에 즉위했다.

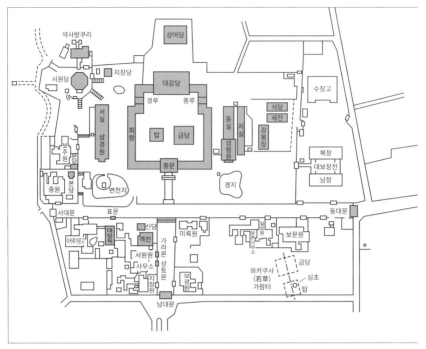

호류지 가람 배치도

지의 동량이 건물을 수리하기 위해 지붕 위에 올라갈 때 당상관이 되는 관습은 지금도 이어지고 있습니다.

호류지 목수의 유래는 불교의 전래와 더불어 정착된 것이라는 이야기도 있지만 자세한 것은 모릅니다. 호류지 목수가 기록에 명확히 모습을 드러낸 것은 가마쿠라시대부터입니다. 고초(弘長, 1261~1263) 연간에 오중탑에 벼락이 떨어졌는데, 당시 호류지 말사 소속 장인 4명이 기지를 발휘해 불을 꺼 오중탑이 소실되는 것을 막았다는 것입니다. 이보다 조금 앞서 1252년 5월 18일에도 낙뢰가 있었는데, 이번에는 종을 쳐서 위급한 상황을 알리자 인근의 노인부터 어린아이들까지 달려와 불을 껐다

호류지를 지탱한 나무

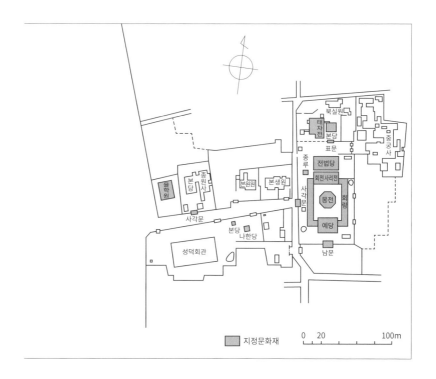

북실원

태자전

본당

표문

종루

전법당

회전사리전

사각문

몽전

회랑

예당

중궁사

물학원

본당

종원사

본원원

본생원

사각문

본당

나한당

성덕회관

남문

지정문화재

0   20   100m

고 합니다. 심각한 지경에는 이르지 않고 수습되었지만, 탑의 3층에서부터 심주(心柱)를 따라 기단에 이르기까지 낙뢰의 불길이 지나간 흔적은 지금까지 남아있습니다.

　당시의 공로로 이들은 호류지 전속 목수에 임명되었고, 이것이 호류지 4목수 제도의 시작이라고 합니다. 호류지 목수의 당상관 제도에 관한 기록이 나오는 것은 무로마치시대라고 들었습니다. 1475년 호류지 목수들이 몽전(夢殿) 동쪽에 쇼토쿠태자를 건축의 신으로 숭배하는 수남원(修南院)을 지었습니다. 이때 수남원 지붕에 오른 동량에게는 대부(大夫)라는 칭호가 내려졌다고 합니다. 대부는 조정에서는 오위의 신분 즉 당상관을 부르는 명칭이었습니다. 이 명칭이 절을 지은 공으로 내려진 것인지 아니면 지금 전하고 있는 것처럼 정전에 오를 수 없는 낮은 신분의 사람이 존귀한 사람의 머리 위에 오르는 무례함을 범하지 않도록 하기 위해 편의상 당상관의 자격을 대부라는 이름으로 내려준 것인지 나는 잘 모르겠습니다.

그런데 오중탑 낙뢰 사건을 계기로 만들어진 것이라는 호류지 4목수 제도는 조직이 갖추어지면서 권위도 높아졌습니다. 많은 목수 가운데 우수한 4명을 선발해 조직을 운영했다고 합니다. 그 뒤 호류지 4목수 가운데 한 명인 나카이 마사키요(中井正清, 1565~1619)는 도쿠가와 이에야스(德川家康, 1542~1616)로부터 인정받아 종사위(從四位) 직급의 야마토노카미(大和守)에 임명되었습니다. 이 무렵부터 호류지 목수는 도쿠가와 막부(幕府)에서 건설공사를 담당하는 행정관인 사쿠지부교(作事奉行) 아래에 배속되었고, 나카이 야마토노카미는 에도(江戸, 지금의 도쿄)와 교토(京都) 두 도시 중에서 교토 목수의 우두머리가 되어, 교토 인근 여섯 지방의 목수들을 이끌었습니다. 이 목수가 에도성 천수각(天守閣)을 건설할 때에도 목수의 우두머리와 기술을 겨뤘다는 이야기는 유명합니다.

에도시대의 호류지 목수는 나카이 가문과 함께 교토로 옮긴 이들이 많았던 듯합니다. 호류지 만의 일을 하는 것보다 교토의 막부 권력과 황실 그리고 신사나 사찰과 관계를 맺으면 훨씬 많은 일을 할 수 있었기 때문이라고 생각합니다. 그래서 에도시대 말의 만엔(萬延, 1860~1861) 연간에는 수십 명을 헤아렸던 호류지 목수 가문 중에서 호류지에 남은 가문은 4개밖에 없었다고 합니다.

호류지를 지탱한 나무

니시오카 가문의 계보

나라현 이코마군 이카루가초 오아자호류지 아자니시사토(奈良縣 生駒郡 斑鳩町 大字法隆寺 字西里) 1-857, 이것이 지금 내 주소입니다. 니시사토(西里 혹은 西鄉)는 히가시사토(東里 혹은 東鄉)와 더불어 호류지 소속 목수를 비롯해 와공, 미장공 등의 기술자나 호류지와 관계가 깊은 사람들이 옛날부터 모여 살던 곳입니다. 지금 우리 집은 교토로 가서 돌아오지 않은 호류지 목수의 동량 중 하나인 오카하토(岡鳩)의 집이 있던 터에 지은 것입니다

메이지유신 때 신불분리(神佛分離)*로 인해 일어난 배불훼석운동(排佛毀釋運動)의 결과 당시의 목수제도도 붕괴되어 버렸습니다. 교토로 나가 귀족이 된 호류지의 목수와 동량들은 기술은 뒷전이고 신사나 사찰 건축에 명의를 빌려주며 생활하고 있을 정도로 타락은 빠르고 심각했던 것 같습니다. 배불훼석의 폭풍 속에서 살아남은 것은 동량들이 아니라 그 아래에 고용되어 땀 흘리며 실제로 일을 했던 목수들이었습니다. 이들 대부분은 농사를 지으며 전통 기술을 지켜냈습니다.

우리 집안은 옛날부터 호류지 소속 목수였던 것 같습니다. 호류지 4목수 중의 하나였던 다문(多聞) 동량 가문에 속해 있었다고 합니다. 하세가와(長谷川) 동량이 기록한 《우자견기(愚子見記)》 등에 의하면 그 시조는 게이초(慶長. 1596~1615) 연간까지 올라갑니다. 우리 집안에서 나는 5대

---

* 기존에 외래 종교인 불교에 종속·융합되어 있던 일본의 토착 신앙인 신도(神道)를 불교와 명확히 구분하는 것으로, 1868년 메이지 신정부에 의해 내려진 신불판연령(神佛判然令)에 의거해 전국적으로 행해졌다. 그 결과 불교 사찰과 불상, 경전 등을 없애거나 폐기하는 배불훼석운동이 전개되어 많은 사찰이 피해를 입었다.

째입니다. 당시 시조 이헤이(伊兵衛)가 호류지 목수였던 본가로부터 분가해 업을 이어받았고 본가는 일반 백성이 되었습니다. 본가는 게이초 무렵부터 호류지 니시사토에 살았는데, 조상의 위패를 모신 절은 나라현 야마토코리야마시의 고이즈미(小泉)에 있는 안요지(安養寺)입니다. 그 이유에 대해 절의 선대 주지가 이렇게 말해주었습니다.

"당신 본가의 조상은 오사카성(大阪城) 축성 때 비밀의 장소 공사를 맡았기 때문에 하마터면 목이 잘릴 처지였지. 그런데 가타기리 카츠모토(片桐且元)의 도움으로 빠져나와 그의 영지였던 야마토고이즈미(大和小泉)에 숨어 살게 됐던 거야. 그러다가 어느 정도 시간이 지난 뒤에야 호류지로 돌아오게 되었다."

우리 집안이 호류지 목수의 동량이 된 것은 메이지(明治, 1867~1912) 초 무렵 할아버지 츠네요시(常吉)부터였습니다. 배불훼석의 폭풍 속에서 호류지의 목수와 동량들이 사라져갈 때 목수로는 우리 집안만 남게 되었고 결국 동량을 맡게 된 것입니다.

1897년에 고사사보존법(古社寺保存法)*이 제정되어 호류지 수리에 국고 지원이 가능해지면서 건물 해체 수리가 활발히 이루어졌습니다. 1897년에는 홋키지(法起寺)** 삼중탑, 1902년부터 1903년까지는 호류지 중문, 호린지 삼중탑의 해체 수리가 있었고, 1909년부터 1923년 사이에는 호류지의 상어당(上御堂), 남대문, 서원 회랑, 경장, 종루의 해체 수리가 이루어졌습니다. 이 공사에서 할아버지는 그의 동생 야부우치 키쿠

---

* 1897년에 제정·공포된 옛 사찰과 신사의 건축물과 보물을 보존하기 위한 법률로, '특히 역사의 증거 혹은 미술의 모범'이 되는 것을 '특별보호건조물' 또는 '국보'로 지정하여 보호하는 내용이었다.

호류지를 지탱한 나무

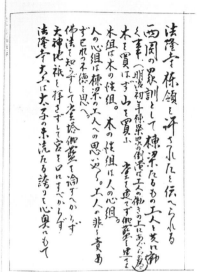

니시오카 가문의 가계 이력서

조(籔內菊藏)와 함께 호류지 동량으로 일을 했습니다. 그리고 1909년부터 1923년 사이의 호류지 공사에서는 아버지 나라미츠(楢光)가 동량 보조로 참가했습니다. 할아버지는 쇼와 대수리가 시작되기 전 해인 1933년 81살을 일기로 타계했습니다. 또 쇼와 대수리 때 총동량을 맡았던 아버지

** 나라현 이코마군(生駒郡) 이카루가초(斑鳩町) 오카모토(岡本)에 있는 사찰로 호류지 동북쪽에 해당하며 그 서쪽 인근에 호린지가 있다. '호류지 지역의 불교 건조물'의 일부로 세계유산에 등록되어 있다. 쇼토쿠태자가 기거하며 불법을 강의했다고 하는 오카모토노미야(岡本宮) 터에 건립한 것으로 전하며, 나라시대 이전 7세기 전반에 창건되었다. 창건 가람은 호류지와 마찬가지로 금당과 탑이 동·서로 나란히 배치된 형태였으나, 호류지와는 반대로 탑이 동쪽, 금당이 서쪽에 배치되어 있던 것으로 확인되었다. 당시의 건축으로 706년에 완성된 삼중탑이 현존하며 일본에 남아있는 삼중탑 중에서 가장 오래되었다.

는 1975년 91살로 생을 마감하셨습니다.

메이지 초 배불훼석의 대혼란 속에서도 호류지 목수의 전통을 그대로 지켜왔던 할아버지는 호류지 목수의 명맥이 끊이지 않도록 잘 이어냈습니다. 호류지 목수의 전통은 우리 집안에 국한해서 본다면 나의 대에서 끝납니다. 내 뒤를 누가 어떤 형태로 이어줄지 아니면 호류지 목수의 전통이 이대로 끝나버릴지 여러 분야의 분들이 걱정해 주고 계신 듯합니다. 이 문제에 대해서는 앞서 말한 나의 유일한 제자 오가와 미츠오 군이 어떻게 해서든 명맥을 지켜 주기를 소망하고 있습니다.

네 살 때 현장에

나는 1908년에 장남으로 태어났습니다. 내가 태어난 것을 누구보다 기뻐했던 분이 할아버지 츠네요시였습니다. 할아버지는 당신 이름의 한 글자 '츠네(常)'를 따서 첫손자인 내 이름을 '츠네카즈(常一)'로 지어주었습니다. 할아버지가 지어주신 내 이름을 생각할 때마다 그분의 온기를 느낍니다. 동시에 할아버지의 마음이 내게 전해집니다.

내가 태어났을 때 할아버지는 55살로 왕성하게 일할 때였습니다. 할아버지는 에도시대의 신념에 찬 장인사회와 배불훼석의 폭풍을 꿋꿋하게 견뎌 내고 호류지 목수의 동량 자리에 오른 분입니다. 할아버지가 젊었을 때의 장인사회는 제자로 들어가는 것은 8살에서 10살 사이였고, 15살이 되면 이미 '중년'이라고 꺼렸던 시대였습니다. 할아버지는 내가 태어나던 날부터

"내 후계자는 이 아이다."

호류지를 지탱한 나무

"호류지 목수의 전통기법을 하나부터 열까지 철저히 가르칠 이는 이 아이다."

라고 정했던 듯합니다.

아버지는 할아버지의 양자였는데, 25살까지 농가에서 자랐기 때문에 처음부터 목수는 아니었습니다. 장인이 되기 위해 제자로 들어간다면 8살부터, 서당 같은 곳에서 읽고 쓰기는 10살까지로 충분하며, 10살이 넘어서는 제자로 들어가도 쓸모없다고 하는 풍조가 여전히 남아있던 때였습니다. 그래서 할아버지는 아버지의 일에 대해 걸핏하면 마음에 들지 않아 했다고 합니다. 그 불만이 쌓여 첫 손자인 나에 대한 기대는 점점 커졌던 것 같습니다. 결과적으로 내게 기술을 가르치기 위해 혹독한 수업을 시켰습니다.

네 살 때 할아버지를 따라 호류지 수리공사 현장에 갔습니다. 지금의 전후 세대라면 비록 할아버지가 일을 가르치기 위해서 라고는 하지만 아들을 아비 손에서 떼어 놓는다는 것은 상상도 못 할 것입니다. 그러나 그것은 사실이었습니다. 게다가 아버지는 양자였기 때문에 할아버지를 어려워해 속내를 모두 드러내지는 못했을 것입니다. 처음 데려갔던 현장이 어디였는지는 지금 생각나지 않지만 1909년부터 1923년까지 이루어진 상어당 등의 해체수리공사 현장 중 한 곳이었을 겁니다.

"어떠냐 얘야. 할아버지가 하는 걸 잘 봐둬."

할아버지의 말씀은 따뜻하고 상냥했지만 눈은 반짝반짝 빛나고 있는 것처럼 보였습니다. 할아버지는 어떻게 해서든지 나를 훌륭한 호류지의 목수로 만들고 말겠다는 결심이었다는 것을 조금씩 느낄 수 있었습니다. 그렇게 느끼게 된 것은 한참 뒤 내가 농업학교를 졸업할 무렵이었습니다. 그때까지는 할아버지의 "잘 봐둬." "거기 앉아있어."라는 말이 몹시도 듣기 싫었습니다. 하루에도 몇 번이나 울상을 지었습니다. 제일 힘들었던 건 소학교에 다닐 때였습니다. 여름방학 때 친구들이 현장의 공터에서 공 던지기를 하며 놀고 있었습니다. 좀이 쑤셨지만 할아버지가 무서워 작업 현장을 떠날 수가 없었습니다. 할아버지의 진짜 마음을 알 턱이 없던 때였지만

"나는 왜 목수 집안에서 태어난 거야."

라며 원망만 할 뿐이었습니다.

어쨌거나 내게 호류지 목수로서 최고의 스승은 할아버지였습니다. 그리고 그 수업의 시작은 현장이었고, 일을 귀나 손으로 익히는 것이 아니라 먼저 일을 보는 눈부터 배웠습니다.

흙을 잊어서는 안 된다

내가 소학교를 졸업할 때 아버지는

"목수가 되겠다고 했으니 공업학교에 입학했으면 좋겠다."

라고 하신 반면 할아버지는

"땀 흘리는 것을 배우기에는 농업학교가 좋지."

라며 매몰찬 어조로 아버지의 의견을 물리치고 당신의 뜻대로 해버렸습니다. 농업학교도 할아버지가

"5년제는 안 된다. 3년제에 들어가도록 하거라. 학교를 오래 다니게 되면 가방 멘 월급쟁이가 되고 싶어 한다. 만약 그렇게 하면 호류지 목수도 동량도 될 수 없다."

고 하셨기 때문에 3년제 농업학교에 들어갔습니다. 그때의 나로서

는 아버지의 의견이 옳은 듯했습니다. 할아버지 때문에 농업학교에 입학했지만 마음속으로는

"할아버지는 이상한 것만 시키는 사람이야. 목수가 되려는 내가 왜 거름통 짊어지고 가지나 호박을 키우며 벼농사를 배워야 하지?"

하며 오랫동안 납득하지 못했습니다.

나중에 들은 것이지만 할아버지의 진심은

"사람은 흙에서 나와 흙으로 돌아간다. 나무도 흙에서 자라고 흙으로 돌아간다. 건물 역시 흙 위에 세우는 것이지. 흙을 잊어버리면 사람도 나무도 탑도 없다. 흙의 고마움을 모르고서는 진정한 인간도 훌륭한 목수도 될 수 없다."

는 것이었습니다. 이것을 몇 번이고 말씀해 주셨습니다.

학교에서 학과나 실습에 익숙해지면서 농업학교에 들어오길 잘했다고 생각하게 되었습니다. 토양학을 배우니 할아버지의 뜻을 알 것 같기도 했습니다. 임업 수업에서는 목수와 관계있는 삼나무(杉)나 히노키를 키우는 실습이 흥미있었습니다. 농업학교에 다닌 것이 나중에는 큰 도움이 되었습니다. 할아버지의 말씀을 곱씹으며 비로소 이해하게 된 것은 내 머리가 희끗해지기 시작할 무렵이었습니다. 농업학교의 교육은 내 몸의 피와 살이 되었습니다.

호류지를 지탱해 온 1300년 전의 히노키가 하나하나 각자의 개성을 가지고 여태껏 살아있는 모습과 그 연유를 해체 수리하면서 확실히 배울 수 있었습니다. 모두가 농업학교에서 배우고 할아버지로부터 배운 덕분입니다.

야쿠시지 금당 재건에 사용할 히노키를 보기 위해 타이완에 갔을 때, 뿌리의 상태를 보고 나무가 좋은지 나쁜지 구분할 수 있었던 것도 농

업학교를 다닌 덕분이었습니다. 그 땅에는 수령 2000년에서 2500년 사이의 히노키가 자라고 있었습니다. 노목이지만 그중에는 어린나무처럼 가지와 잎의 기세가 좋은 나무도 있었습니다. 그런 나무는 분명 속이 비어있습니다. 나이에 걸맞은 풍격이 있는 나무는 속까지 꽉 차 있었습니다. 나이에 맞는 모양을 한 나무는 껍질에서부터 속까지 충실합니다. 고목인데도 싱싱하고 푸른 잎에 기세가 있는 나무는 반드시 속이 텅텅 비어있습니다. 나무는 속이 비어있으면 껍질 부분만 생장시키면 되기 때문에 양분이 외관으로 과도하게 공급되어 어린나무처럼 보이는 게 아닐까요?

몸으로 익혀라

농업학교를 졸업했을 때 나도 이제 절을 짓는 목수가 된다며 마음을 다잡았습니다. 할아버지도 나를 손자가 아니라 호류지 목수 츠네요시의 제자로 대하는 태도를 보였습니다. 그러나 할아버지는 내 마음가짐 따위는 안중에도 없는 듯

"지금부터 1년 동안 네 손으로 벼농사를 지어 보거라."

하시곤 호류지 주변에 있던 작은 논을 소작인으로부터 거둬들여 내게 맡겼습니다. 논을 갈고 모판을 만들고 모내기, 추수까지 하나하나 농사꾼의 일 전부를 혼자서 했습니다. 목수 일과는 다르지만 그것 못지않게 힘들었습니다. 진짜 농부는 혼자서 5~6배 면적을 한다는데 나는 이것만으로도 기진맥진할 정도였습니다.

할아버지는 내가 농업학교에서 배운 것을 잊지 않도록 하려고 힘은

호류지를 지탱한 나무

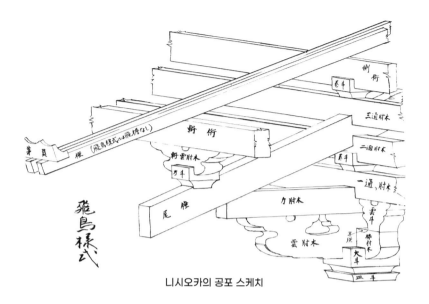

니시오카의 공포 스케치

들지만 흙에 접하는 일이 얼마나 소중한 것인지 농사를 통해 몸으로 익히게 할 작정이었던 것 같았습니다. 농사일 중간에는 당연히 목수 수업이 있었습니다. 이것도 목수 수업 이전의 교육인지는 모르겠습니다만 예의범절도 엄격하게 가르쳤습니다.

"휘파람을 불어서는 안 된다. 그건 도둑의 신호야."

라며, 그런 현장이 보이면 그 목수를 내쫓아버렸습니다. 할아버지께서 농사일을 병행하는 목수로서 배불훼석의 고난을 극복해낸 당시의 일을 내가 잊지 않도록 하려는 의도가 있었는지도 모르겠습니다. 할아버지는 지금의 교육처럼 친절하게 하나하나 이끌며 가르쳐 주지는 않았습니다. 전부 '몸으로 익혀라'라는 식이었습니다.

목수 일은 목수의 손과 발이 되는 연장의 상태에 달려있습니다. 그리고 그 솜씨의 예리함은 연장을 가는 방법에 달려있습니다. 그래서 목수 수업에서는 앞서 오가와 군을 소개할 때 말했던 것처럼 연장을 제대로 가는데 3년이 걸린다고 할 정도입니다. 할아버지는 처음 내게 끌을 건네시면서 "이걸 날이 들도록 갈아 봐."라고만 할 뿐 가는 방법은 아무것도 가르쳐 주지 않았습니다.

"잘 모르겠으면 내 연장통을 봐."

"더 잘 갈아 봐."

라고만 할 뿐 몇 번을 물어봐도 그냥 되돌려 보냈습니다. 끌 다음은 대패 갈기, 톱의 날 세우기 등 같은 것을 반복했습니다.

연장 가는 수업 중간에는 호류지 경내에서 건물의 공포* 등을 보고 그 문양이나 도안을 그리게 했습니다. 할아버지는

"어느 절에 있는 호마당(護摩堂)**의 문양은 어떤지 보고 와라."

"저기 문의 화반***이 어떻게 되어 있는지 그려 와라."

고 했습니다.

보고 와서 이야기하면 할아버지는 "틀렸어", 스케치를 보여 드려도 "안 돼"라고만 할 뿐이었습니다. 할아버지는 "좀 더 잘 보고 와", "안 돼"

---

* 공포는 기둥 상부에서 지붕과 처마를 지탱하기 위해 일정한 모양과 규격의 부재들을 짜맞춰 구조적 역할과 장식을 겸하도록 구성한 부분이다. 한국과 중국, 일본을 비롯한 동양 목조건축 문화권에서 보편적으로 나타나며, 그 형태는 시대와 지역에 따라 다양하다.

호류지 중문의 공포

** 일본의 밀교 사원에서 화로의 불 속에 공양물을 태우며 각종 번뇌가 타 없어져 청정해질 것을 기원하는 호마법(護摩法)을 행하는 불당으로 부동명왕(不動明王)이나 애염명왕(愛染明王)을 본존으로 한다.

호류지를 지탱한 나무

라며 몇 번이나 돌려보낸 다음 화반을 그려 왔을 때

"문양의 선을 베끼는 것이 아니라 그 여백이 문양이 되도록 그려라."라고 했습니다.

진즉에 그렇게 말씀해주셨더라도 그 뜻을 몰랐겠지만, 같은 것을 몇 번이나 반복하는 와중에 할아버지의 말씀을 몸에 스미듯 깨닫게 되었습니다.

몸으로 익힌다면 머리는 비워둬도 된다고 생각할지 모르겠습니다만 그렇지는 않습니다. 오히려 일하는 방법을 익히지 못하고 실수를 하게 되면

"그걸 못해? 그러고도 호류지 목수로 일할 수 있을 것 같으냐."

고 합니다. 이렇게 되면 그 일의 방법에 대해 일주일이고 이주일이고 생각에 생각을 거듭한 다음 그것을 몸에 익혀 가는 수밖에 없습니다. 머리도 몸도 철저하게 사용했습니다. 이런 수업이 5년 이상 계속되어 19살이 되던 1928년 무렵, 그런대로 건물을 짓고 수리하는 목수로 할아버지와 아버지로부터 인정받게 되었습니다.

*** 화반은 기둥 위의 공포와 공포 사이에 설치하는 부재를 말한다. 일본에서는 가에루마타(蟇股)라고 한다.

호류지 서실(西室)의 화반(가에루마타)

1929년부터 1년 반 동안 육군에 입대해 목수 수업에 공백이 있었습니다. 제대 후에는 1930년부터 호류지 말사 조후쿠지(成福寺) 쿠리(庫裡)*의 해체 수리를 맡아 해냈습니다. 1931년 가시하라신궁(橿原神宮) 배전(拜殿)** 신축공사에서는 아버지의 대리 동량으로 일했습니다. 1932년 교토에 있는 히가시후시미노미야(東伏見宮) 집안 별장의 대문 공사에서는 부동량이었습니다. 호류지의 쇼와 대수리가 시작된 1934년의 동원(東院) 예당(禮堂)*** 해체 수리 때 처음으로 동량이 되었습니다. 27살 때였습니다. 이때 할아버지는 이미 이 세상에 안 계셨지만, 동량으로서의 마음가짐과 미야다이쿠의 기술 등 할아버지로부터 배운 모든 것이 도움이 되었고, 할아버지의 비범함과 고마움을 절실히 느낄 수 있었습니다. 이 큰일을 해내고 미야다이쿠의 길이 열리면서 자신감도 붙었던 것 같습니다.

이것 이후에 미야다이쿠로서 주요 경력을 연표로 정리하면 다음과 같습니다.

1939~1941년: 호류지 서원(西院) 대강당(大講堂) 해체 수리
1943~1945년: 호류지 금당 해체 수리(1940년에 시작), 오중탑 해체 수리(1942년에 시작), 금당 및 오중탑 해체 부재와 불상 등 문화재를 분산 보관하는 작업. 그 사이 1928년부터 1945년 사이에 육군에 입대 및 소집 총 5회

---

* 사찰에서 승려의 거처와 부엌으로 이루어진 건물
** 신사에서 신체(神體)를 봉안한 본전(本殿) 앞에 별도로 만든 예배용 건물
*** 호류지의 가람은 금당과 오중탑이 있는 서원(西院) 영역과 동쪽의 몽전(夢殿)을 중심으로 하는 동원(東院) 영역으로 되어 있다. 동원의 예당은 몽전 앞에 있는 예배용 건물이다.

호류지를 지탱한 나무

1945~1949년: 호류지 오중탑 해체 부재 복원 및 정밀조사(1952년 복원 완성)

1949~1954년: 호류지 금당 수리복원공사 편수. 그 사이 1950년부터 1952년까지 폐결핵으로 입원

1957~1959년: 호류지 동실(東室) 해체 수리

1959~1964년: 히로시마현(廣島縣) 구사도(草戸) 묘오인(明王院) 오중탑, 본당(本堂) 등 해체 수리

1965~1966년: 헤이조쿄(平城京, 나라) 동조집전(東朝集殿), 헤이안쿄(平安京, 교토) 자신전의 복원 모형 제작

1967~1975년: 호린지 삼중탑 재건 동량

1968~1971년: 야쿠시지 서탑, 금당 모형 제작

1971~1976년: 야쿠시지 금당 재건 동량

1977~　　　: 야쿠시지 서탑 재건 동량

호류지 목수의 마음가짐

앞서 말한 것처럼 한 사람의 미야다이쿠가 되는데 20년은 걸립니다. 호류지와 같이 모든 시대의 건물이 남아있고 양식과 기법, 그리고 건물에 깃든 정신까지 이해하려면 쇼와 대수리 같은 행운 없이는 평생을 노력해도 따라갈 수 없을지도 모르는데, 할아버지는 호류지에서 평생을 바쳐 체득한 고대 건축의 기법과 정신 모두를 성심으로 내게 전해주려고 했던 것 같습니다. "몸으로 익혀라."라는 식으로 할아버지는 철저하게 가르쳐주셨습니다.

야쿠시지 금당 재건 현장의
니시오카

　할아버지가 돌아가셨을 때 나는 25살이었습니다. 눈을 감은 할아버
지의 얼굴은 "네게 가르쳐주고 싶은 것, 전하고 싶은 것은 모두 준 것 같
다."고 말씀하시는 것 같았습니다. 생각해 보면 4살 때 할아버지의 현장
에 따라간 이래 21년이었습니다. 도중에 병역 때문에 1년 반 집을 떠난
것 외에는 소학교, 농업학교에 다닐 때에도 나를 멋진 호류지 목수의 동
량으로 키우려는 할아버지의 눈이 항상 빛나고 있었습니다. 연장 가는
것 다음으로는 고대 건축에서 중요한 도구인 자귀를 사용하는 방법도
혼나면서 배웠습니다. 그렇게 해서 목재를 제재하고 치목하고 마감하는

　　　　　　호류지를 지탱한 나무

일까지 무엇이든 한 사람 몫 이상으로 해내는 목수가 된 듯했지만, 여전히 할아버지의 벼락은 이어졌습니다.

호류지 경내에서 어느 건물을 수리하고 있던 내게

"알겠어? 건물이 아니라 가람을 짓는 거야!"

라는 할아버지의 엄한 목소리가 날아들었습니다. 한 채의 작은 건물이라 할지라도 그것이 호류지 전체 가람 배치 속의 부분으로 살아있다는 것을 잊어서는 안 된다고 하시는 것 같았습니다.

호류지 목수는 부처님이 사는 집을 만들고 수리하는 것이 임무입니다. 호류지는 쇼토쿠태자가 불법을 공부한 곳이기도 합니다. 태자는 승려들에게 《법화경(法華經)》,《승발경(勝鬘經)》,《유마경(維摩經)》의 세 경전을 깊이 연구하라는 유언을 남겼다고 합니다. 할아버지는 내게

"스님들이 하는 것을 모두 따라 할 수는 없겠지만 적어도 《법화경》 정도는 반드시 읽어 두도록 해라."

라고 하시며 《법화경》의 변역본을 주셨습니다. 옛날의 호류지 목수나 편수는 이런 공부도 하고 있었다는 것을 알 수 있는 대목입니다.

할아버지 말씀 중에서

"건물이 아니라 가람을 짓는 것이다."

라는 말은 사실은 호류지 목수 선배들이 오랜 경험을 통해 물려준 구전 중 하나입니다. 이것을 좀 더 자세히 풀어 쓰면

"불법을 모르고 당탑 가람을 논해서는 안 된다."

"천지신명을 경배하지 않고 감히 궁을 입에 올려서는 안 된다."

"호류지 목수는 태자의 본류라는 자부심을 마음속에 지녀야 한다."

라는 것입니다.

이런 구전을 몇 가지 더 소개하면

"탑을 짓는 것은 나무를 짜맞추는 것."

"나무를 짜맞추는 것은 나무의 성질을 맞추는 것."

"나무의 성질을 맞추는 것은 사람을 맞추는 것."

"사람을 맞추는 것은 사람의 마음을 맞추는 것."

"사람의 마음을 맞추는 것은 목수에 대한 동량의 배려."

"목수의 잘못을 책망하지 말고 자신의 부덕을 생각하라."

또

"나무를 사지 말고 산을 사라."

는 것도 있습니다. 이것에 대해서는 뒤에서 자세히 설명하겠습니다.

이제 아버지에 대한 이야기를 해보겠습니다. 아버지는 양자였기 때문에 처음부터 목수 수업을 받은 것은 아니었습니다. 할아버지는 아버지의 일솜씨를 마음에 들어 하지 않았습니다. 그러나 할아버지는 호류지 목수의 오랜 전통과 자부심에서 아버지를 그렇게 본 것일 뿐, 지금 우리 눈으로 보면 아버지는 호류지 목수로서 흠잡을 데 없는 훌륭한 동량이었다고 생각합니다.

호류지 쇼와 대수리를 위해 전국에서 솜씨 있는 미야다이쿠들이 수십 명 모였습니다. 아버지는 자존심 강한 그 명장들을 이끄는 총동량으로서 주요 건물 대부분의 수리를 훌륭히 해냈습니다. 호류지 동량의 작업장은 보물전(寶物殿) 옆에 있었습니다. 쇼와 대수리에서 큰 역할을 해냈기 때문만은 아니겠지만, 아버지는 호류지의 전임 주지 고 사에키 조인(佐伯定胤, 1867~1952)으로부터 두터운 신임을 받았던 것 같습니다. 그런 아버지도 호류지의 일이 끊겼을 때는 쇠약하고 외로워 보였습니다.

수리 때 쓰기 위해 휜 못을 쇠망치로 두드려 펴는 일까지는 그렇다 하더라도 절에서 시키는 잡일을 하면서 이것도 가람을 지키는 동량의 중요한 임무라며 웃었습니다. 호류지 목수 혹은 동량이라도 샐러리맨처럼 항상 일이 있는 것은 아니었습니다. 호류지의 일이 끊기면 급여는 받을 수 없습니다. 그러면 짬짬이 민가 목수 일이라도 하면 되지 않느냐고 하겠지만 어림없는 일입니다. '더럽혀진 목수'라는 말을 듣기 싫어서가 아닙니다. 우리처럼 고식의 방법만을 추구하고 새로운 건축이나 기술에 등 돌려 왔던 목수들은 오로지 옛 사찰과 신사 건축과 함께 살아가는 수밖에 없습니다.

호류지 목수의 동량이 사찰로부터 증명서 대신 받은 것 중에 앞에서 잠깐 소개한 《우자견기》라는 책이 있습니다. 이것은 17세기 무렵부터 호류지 목수의 동량 하세가와 집안에서 수십 년에 걸쳐 호류지를 중심으로 나라와 교토의 사찰과 신사, 궁궐 건축에 대해 보고 들은 것을 기록한 책입니다.

나는 그 속편을 쓰고 싶습니다. 거기에는 내가 경험하고 보고 들은 모든 것을 적어 후배들에게 도움이 되고 싶습니다.

2. 호류지와 히노키

호류지의 히노키

호류지의 건물에 사용된 목재를 보면 가마쿠라시대 무렵부터 느티나무(ケヤキ)가 일부 사용되었는데 그 이전에는 히노키만 사용되었습니다. 내 생각에는 옛날 일본인은 대륙의 건축기술이 전해지기 이전부터 히노키의 장점, 강도, 가공성을 알고 있었던 것 같습니다. 수많은 나무 중에서 강인한 히노키를 선택해 건물에 사용한 것은 변화무쌍한 자연의 경험에서 배운 것일지도 모르겠습니다. 그리고 도구가 발달하지 못했기 때문에 나뭇결이 곧은 히노키를 사용했을 수도 있습니다. 제재 도구로 나무를 종방향으로 켜는 톱과 틀대패가 사용되기 시작한 것은 훨씬 이후인 무로마치시대부터입니다. 그 이전에는 벌채한 나무로 각재나 판재를 만들기 위해서는 먼저 도끼나 쐐기로 나무를 쪼갰습니다. 그런 다음 이것을 자귀나 자루대패로 다듬어 사용했습니다. 그래서 결이 곧지 않고 재질이 단단한 느티나무와 같은 나무는 선호하지 않았습니다. 나뭇결은 곧지만 삼나무는 너무 물러 히노키에 비하면 강도나 내구성이 한참 떨

호류지를 지탱한 나무

어지기 때문에 역시 좋아하지 않았습니다. 적어도 가마쿠라시대까지는 건물 짓기 좋은 나무, 적절한 나무는 히노키뿐이라고 믿고 있었던 것 같습니다.

호류지의 쇼와 대수리 때 알게 된 것인데 히노키 용재의 굵기나 재질 혹은 사용방식이 건물마다 다릅니다. 호류지의 '재건 비재건 논쟁'*은 제쳐두더라도 용재의 측면에서 보면 금당이 가장 먼저 건립되고 다음이 오중탑인 것 같습니다. 호류지의 용재는 어디서 벌채해서 어떻게 운반해 와서 사용했는지 모릅니다. 그 재질은 내가 보기에는 나가노현(長野縣)의 기소(木曾)**나 나라현의 요시노(吉野)*** 혹은 멀리 간토(關東)****나 츄고쿠(中國),***** 시코쿠(四國)****** 지방의 것도 아닙니다. 굳이 재질이 비슷한 산지를 들자면 요시노입니다.

---

* 《일본서기(日本書紀)》의 덴지(天智)천황 9년(670) 기사에 나오는 호류지의 화재와 가람 소실 기록에 대해, 이 사료의 내용을 그대로 인정하고 현재의 호류지 가람은 당시의 화재 이후에 재건된 것으로 보는 재건론자들과, 사료보다는 실제 건축양식에 주목해 호류지의 건축은 창건 이래 한 번도 소실된 적 없이 현재까지 그대로 남아있다고 주장하는 비재건론자들 사이에 벌어진 오랜 논쟁. 20세기 초에 촉발되어 30년 넘게 지속되었는데, 재건론은 역사학자들이 주장했고 비재건론을 주도한 이는 건축사학자 세키노 타다시(關野貞, 1868~1935)였다. 1939년 발굴조사에서 현재의 호류지 서원 가람 남쪽에서 창건 가람의 흔적이 확인됨으로써 재건론이 힘을 얻었고, 이후로도 최근까지 재건론을 뒷받침하는 연구성과들이 발표되었다. 다만 일련의 연구를 통해 현재의 호류지 서원 가람이 재건된 시기가 아스카시대 7세기 후반이라는 점도 분명해졌다.
** 나가노현 남서부의 기소가와(木曾川) 상류 일대를 기소지역이라고 부른다. 대부분 계곡을 낀 험준한 산악지대이며, 침엽수 생육에 좋은 기후 조건을 갖추고 있어서 에도시대부터 히노키를 중심으로 하는 임업이 발달했다.
*** 나라현 남부의 산악지대로 나가노현 기소지역과 함께 일본에서 손꼽히는 임업지대이다.

호류지의 큰 기둥은 수령 2천 년 이상, 지름 2.5m 이상 되는 거목을 4개로 쪼개 만든 것입니다. 4개로 쪼개지 않고 수심(樹心)을 포함하고 있는 큰 기둥은 하나도 없습니다. 수심이 있는 기둥은 나중에 갈라지거나 휘어져서 건물이 뒤틀리게 되고 심하면 무너져 버리기 때문입니다. 당시 이렇게 거목을 쪼개서 기둥이나 판재로 만드는 일은 앞에서 언급한 것처럼 간단한 도구밖에 없었기 때문에 어려운 일이었을 것입니다. 그것 이상으로 어려웠던 것은 이러한 거목을 벌채한 곳에서부터 건축 현장까지 운반하는 일입니다. 산의 경사면이나 강물의 흐름을 이용하고 사람의 힘에 의지하는 수밖에 없었습니다. 운반에 필요한 튼튼한 밧줄은 물론 기동력도 없던 시대였기 때문입니다. 따라서 호류지의 용재는 다른 사찰이나 신사도 마찬가지였겠지만 인근의 운반하기 쉬운 곳에서 벌채해 사용했다고 생각합니다. 그 재질이 지금의 요시노 히노키와 비슷한 점, 운반의 어려움 등을 종합해 보면 호류지 근처에는 히노키가 자라는 숲이 있었고 그곳에서 적당한 나무를 골라서 건물을 지은 것이 아닐까요.

**** 혼슈(本州) 동쪽 지역을 지칭하는 말로 지금의 도쿄도(東京都), 가나가와현(神奈川縣), 지바현(千葉縣), 사이타마현(埼玉縣), 군마현(群馬縣), 도치기현(栃木縣), 이바라키현(茨城縣) 일대를 포함한다. 이에 대해 나라현(奈良縣), 교토부(京都府), 오사카부(大阪府) 일대를 중심으로 하는 혼슈 중서부 지역을 간사이(關西)지역으로 부른다.

***** 혼슈 서부지역을 아울러 츄고쿠지방이라고 부른다. 돗토리현(鳥取縣), 시마네현(島根縣), 오카야마현(岡山縣), 히로시마현(広島縣), 야마구치현(山口縣)을 포함한다.

****** 홋카이도(北海道), 혼슈, 규슈(九州)와 함께 일본열도를 구성하는 주요 4개 섬 중의 하나로, 혼슈 서남쪽에 위치하며 그 서쪽에는 규슈가 있다. 가가와현(香川縣), 도구시마현(德島縣), 에히메현(愛媛縣), 고치현(高知縣)으로 구성된다.

호류지를 지탱한 나무

호류지 금당

　호류지의 금당과 탑의 용재를 비교해 보면 기둥, 도리, 공포는 거의 차이가 없습니다. 그런데 서까래 부분을 보면 금당의 재료는 탑보다 매우 좋지 않습니다. 탑의 서까래 부재도 쪼개서 만든 것이지만, 금당의 것은 크기도 일정하지 않고 심지어 수심이 있는 채로 사용한 것도 있습니다. 그것만 보더라도 금당이 탑보다 먼저 지어졌다는 것을 알 수 있습니다. 왜냐하면 금당의 지붕을 덮는 단계가 됐을 때 호류지 주변에는 큰 나무는 없었고 미리 베어 놓았던 큰 나무도 바닥났기 때문입니다. 그래서 남아있던 나무의 크기에 상관없이 손에 잡히는 대로 사용해 공사를 마쳤을 것입니다. 아무래도 그런 느낌이 듭니다.

　탑을 만들 때에는 이미 주변에 큰 나무도 쓸 만한 나무도 남아있지 않았을 것입니다. 이제는 멀리서 나무를 운반해 와야만 합니다. 먼 곳까

호류지 오중탑

지 갔기 때문에 크고 좋은 나무를 양껏 베어 가지고 왔을 것입니다. 따라서 탑은 재질이 일정하고 좋은 재료로 되어 있는 것입니다. 이처럼 용재의 측면에서 보더라도 학설대로 금당에서 탑, 중문 순으로 진행되었던 건립 과정을 추측할 수 있습니다.

생각해보면 이것은 무리한 추측이 아닙니다. 호류지를 건립할 무렵 사원 건설이 성행하고 있었고, 듣기로는 스이코천황 32년(624) 당시에는 46개소 가량의 사원이 건립되었다고 합니다. 그 대부분은 야마토(大和) 지역*에 있었다고 하니까 야마토의 히노키는 순식간에 바닥나 버렸을 것입니다.

헤이안시대 무렵에는 재질 면에서 보면 호류지 건물 재건이나 수리에 사용할 목재를 구하기 위해 호류지로 통하는 강이나 도로가 이용 가능한 사방으로 거슬러 올라가 멀리는 무로(室生)^{**}의 산까지 갔을 것입니다.

호류지의 용재

지금 호류지 목수의 일은 수리와 복원이 중심입니다. 아스카양식의 금당을 예로 들면 헤이안시대에 한 번, 가마쿠라시대에 한 번, 난보쿠초시대에 두 번, 무로마치시대에 한 번, 그리고 에도시대에 두 번 수리가 있었습니다. 호류지 가람 전체의 대수리는 헤이안, 가마쿠라, 난보쿠초, 무로마치시대에 각각 이루어졌고, 도요토미 히데요리(豊臣秀頼, 1593~1615)에 의한 게이초 대수리와 도쿠가와(德川) 5대 쇼군(將軍) 스나요시(綱吉, 1680~1709 재위)에 의한 대수리도 잘 알려져 있습니다.

쇼와 대수리에서 금당의 해체 수리는 1940년에 시작되었습니다. 먼저 그해 9월부터 대략 7년 계획으로 박락 파손이 심각한 벽화를 모사하는 일이 시작되었습니다. 여기에는 많은 화가가 참가했습니다. 도중

에 태평양전쟁(1941~1945)이 발발했고 패전이라는 혹독한 시련을 맞았습니다. 앞에서 말한 것처럼 내가 다섯 번째 소집 명령을 받아 육군에 입대한 1945년 4월에는 미군 전투기의 본토 공습이 격화되어 있었습니다. 미국이 교토나 나라의 옛 문화재를 배려해 주었다는 사실을 아무도 몰랐습니다. 전쟁의 피해를 막기 위해 금당을 해체해 산속에 흩어 보관하기로 하고 건물 상층부터 해체 작업을 시작할 무렵에 입대했습니다.

나도 호류지도 다행히 전쟁의 피해와 죽음의 문턱을 무사히 넘을 수 있었습니다. 나의 먼 조상은 어땠는지 모르겠지만, 할아버지도 아버지도 나도 호류지의 건물을 비바람이나 화재로부터 지키는 것은 조상에게 베풀어준 부처님의 은혜에 보답하는 것이라고 생각했습니다. 안타깝게도 1949년 1월 26일 새벽, 전쟁도 피했던 그 금당이 불탔습니다. 전쟁과 패전의 혼란으로 예상 이상으로 늦어지고 있던 벽화 모사 작업 중의 일이었습니다. 원인은 화가가 사용하던 전기방석의 과열이라고 했습니다. 이른 아침에 일어난 일로 그때 나는 아침밥을 먹고 있었습니다. 아버지에 뒤이어 나도 무작정 튀어 나갔습니다. 우리가 니시사토의 집에서 금당까지 달려갔을 때는 이미 붉은 화염이 해체한 상층의 가설덧집을 휘감고 있었습니다. 그리고 해체 수리가 진행 중이던 오중탑의 가설덧집에도 불길이 조금씩 옮겨붙고 있었습니다. 금당은 몰라도 탑만은 어떻게 해서든 지켜야 한다는 심정으로 공사 사무소의 안면 있던 직원 한 명과 둘이서 소화전에 호스를 연결해 탑의 가설덧집에 물을 뿌렸습니다.

당시 사에키 조인 주지도 필사적이었습니다. 주지가 저 불을 대신할 수만 있다면 하면서 금당의 화염 속으로 뛰어 들어가려는 것을 동생이 겨우 붙잡아 말렸습니다. 정말 엄청난 소동이었습니다. 그 사이에 소방차가 와서 불을 끄기 시작했습니다. 덕분에 탑은 불을 피할 수 있었지만 모사 중이던 금당의 벽화는 무참히 불에 타 무너지고 말았습니다. 다만 해체한 금당의 상층 부재와 불상은 다른 곳으로 옮겨 보관하고 있었기 때문에 무사할 수 있었습니다.

세상일은 어떤 계기로 어떻게 굴러갈지 알 수 없는 노릇입니다. 당시 그것을 절실히 느꼈습니다. 전후 혼란으로 뭔가를 하고 있는 것 같기도 그렇지 않은 것 같기도 한 상태였던 호류지의 쇼와 대수리 현장에는 이 화재 이후로 갑자기 활기가 돌았습니다. 국가 예산이 많이 나오게 된 듯했고, 덕분에 내 임금도 하루 8엔 20전에서 갑자기 450엔으로 크게 올라 깜짝 놀랐습니다. 곶감 빼 먹듯 하던 힘든 생활에 겨우 숨통이 트였습니다. 다만 그 무렵 민간 목수의 임금은 하루에 600엔이었습니다.

금당의 재건은 1949년 4월부터 본격적으로 시작되어 1954년 10월에 끝났습니다. 정부의 예산으로 20여 년에 걸쳐 진행된 호류지 쇼와 대수리는 이것으로 일단락되었습니다. 이후의 보존 수리는 나라현에 위탁되었고 1957년부터 동실 해체 수리가 시작되었습니다. 이들 공사의 경과는 앞서 말씀드린 것과 같습니다.

지금 되짚어 보면 호류지 쇼와 대수리의 경험은 모두 미야다이쿠인 내게 피와 살이 되었습니다. 학자들이 이 해체공사를 통해 고대 건축의 기법을 다양한 각도에서 연구해 밝혀낸 것과 마찬가지로 나도 내 눈과 몸으로 아스카시대부터 에도시대까지의 기법을 폭넓게 배울 수 있었습니다.

이렇게 힘써 몸에 익힌 옛 기법을 어디에선가 발휘하고 싶었습니다. 미야다이쿠로서 평생을 해체 수리만 하다가 끝나면 보람이 없다고 생각한 것은 언제부터였을까요. 1956년에 발족해 1년 기한으로 끝이 난 호류지문화재보존사무소의 기사 대리가 됐을 무렵부터였을지도 모르

호린지 삼중탑

겠습니다. 그래서 실물 크기의 10분의 1 모형이지만, 1961년에 히로시마현 후쿠야마시(福山市) 구사도(草戸)에 있는 묘오인(明王院) 오중탑, 1970년에 야쿠시지 삼중탑의 모형을 제작하는 일이 들어왔을 때는 무엇인가를 만든다는 기쁨에 흠뻑 젖었습니다. 그 뒤로 정말 감사하게도 모형이 아니라 실제로 호린지 삼중탑과 야쿠시지 금당을 재건하는 일을 맡게 되었습니다.

　이것은 현존하는 것을 그대로 만든 것이 아닙니다. 먼저 문헌 등을 참고해 없어진 건물의 복원설계도를 그렸습니다. 그것에 기초해 재료를 고르고 부재를 깎고 조립해 실제 건물을 복원했습니다. 역시 미야다이쿠는 실제로 건물을 만들었을 때 비로소 삶의 보람과 기쁨을 절실히 느낍니다. 당연히 할아버지로부터 배운 것, 호류지의 쇼와 대수리에서 했던 귀중한 경험이 모두 건물로 되살아났습니다.

이야기를 호류지로 되돌리면, 쇼와 대수리에서는 각 건물을 창건 당시의 모습으로 되돌리는 것이 국가의 방침이었기 때문에 현장의 학자도, 기사도, 우리 미야다이쿠들도 힘껏 일했습니다. 예를 들어 각 시대에 걸쳐 몇 번이나 수리가 이루어진 금당과 오중탑은 먼저 후대의 겐로쿠(元禄, 1688~1704) 때 수리된 부분을 걷어 낸 다음 게이초 때의 기법을 찾고, 이어서 무로마치, 가마쿠라, 후지와라(藤原)*, 이런 식으로 아스카양식에까지 거슬러 올라가는 조사를 각 건물의 모든 부분에 걸쳐 진행했습니다.

이 조사를 통해 도구나 기법이 아무리 발달하더라도 목조건축에는 히노키가 다른 어떤 목재보다 우수하다는 것을 알게 되었습니다. 히노키가 사용된 덕분에 호류지는 세계에게 가장 오래된 목조건축으로 1300년을 살아남아 강건하게 서 있는 것입니다.

창건 당시 호류지의 건물은 히노키로만 되어 있었다고 앞서 말했습니다만 조금 수정하겠습니다. 실은 금당 지붕의 개판**에는 삼나무가 일부 사용되었습니다. 이 삼나무 판재는 보기에는 멀쩡했지만 만지기만 해도 부스러져 버렸습니다. 마치 불에 타고 형태만 남은 종이상자 같았습니다. 옛날 사람들이 히노키처럼 간단하게 쪼개서 쓸 수 있는 삼나무를 그다지 선호하지 않았던 이유를 알 수 있었습니다. 그래도 건축 재료

---

* 일본의 문화사 및 예술사에서는 헤이안시대 중기 이후(10~12세기)를 구분해서 후지와라시대라고 부르는데, 당시 천황을 대신해 후지와라 가문에서 실권을 행사한 것에서 연유한 명칭이다.

** 서까래 위에 까는 판재를 개판이라고 한다. 개판 위에 흙(보토)를 깔고 기와를 인다.

로서 삼나무의 수명은 양질의 심재 부분이라면 700~800년은 갈 것입니다. 히노키 다음으로 수명이 긴 나무지요. 그러나 호류지의 1300년을 견디기에는 부족합니다.

가마쿠라시대 무렵부터 조금씩 사용되기 시작한 느티나무에 대해서는 앞서 이야기했습니다. 도요토미 히데요리에 의한 게이초 대수리에서는 소나무와 삼나무가 대량으로 사용되었습니다. 쇼와 대수리에서는 그것들을 전부 히노키로 교체했습니다. 히데요리가 이런 재료를 사용한 것은 도쿠가와 이에야스의 책략에 허를 찌르기 위한 의도였던 듯합니다. 이에야스는 히데요리에게 사원과 신사를 수리하게 하여 오사카성의 막대한 자금을 소진해 싸우기도 전에 힘을 뺄 계획이었다고 합니다. 이 책략을 알아차리고 수리에 관한 업무를 담당했던 행정관이 나의 조상을 구해줬던 가타기리 가쓰모토였다고 합니다. 당시에는 이미 인근의 히노키는 크게 줄었고 대형 재목은 먼 곳까지 가야만 구할 수 있었습니다. 무리해서 큰 재목을 구하려면 거금을 지출해야만 했습니다. 그래서 비교적 가까운 곳에서 또 싼값에 구할 수 있는 소나무나 삼나무를 사용했던 것입니다.

나무의 수명과 관련해 삼나무에 대해서는 앞에서 이야기한 대로입니다. 소나무와 느티나무의 수명은 모두 400년 정도입니다. 게이초 수리에 사용되었다가 쇼와 대수리 때까지 남아있던 소나무와 느티나무를 소사해 보니 심삭했습니다. 비가 샌 곳은 속까지 썩어 있었고 그 부분이 부러진 것도 있었습니다.

에도시대에는 솔송나무(栂)도 사용되었습니다. 솔송나무의 수명도 300~400년입니다. 이것은 묘한 나무입니다. 겉은 견고한데 어느 순간에 속이 썩어 굴뚝처럼 되어버립니다. 한 변의 길이가 6촌(寸)*인 각기둥

호류지를 지탱한 나무

이라면 표면에서부터 1치 정도까지는 견고하고 멀쩡하지만 그 안쪽은 텅텅 비어있습니다. 몇 번이나 반복하는 말이지만 호류지의 용재 조사를 통해 결론적으로 말할 수 있는 것은 천 년 이상의 수명을 가진 최적의 재목은 히노키뿐이라는 것입니다.

아스카인들의 지혜

히노키는 나뭇결이 곧게 뻗고, 재질은 치밀하고 부드러우면서 강인하며, 충해와 빗물이나 습기에도 강하다는 것은 이미 잘 알려져 있습니다. 이 히노키를 구석구석 사용했기 때문에 호류지의 건물이 1300년이나 견딜 수 있었습니다. 히노키를 자귀나 자루대패로 다듬으면 대팻밥이나 자귓밥이 남습니다. 이것도 버리지 않고 벽체 바탕의 뼈대를 만드는 데 사용하기도 했습니다.

　도중에 여러 번 수리했기 때문에 1300년이나 견딜 수 있었던 게 아니냐고 하는 사람도 있습니다. 그런데 그렇지가 않습니다. 금당도 오중탑도 건물을 지탱하는 기둥이나 보, 도리 등 중요한 부분은 모두 창건 당시의 히노키 그대로입니다.

　그러한 전통을 말하기에 앞서 강조하고 싶은 것이 있습니다. 아무리 좋은 히노키를 양껏 사용했다고 하더라도 아스카시대 사람들의 지혜

＊　촌(寸)은 물건의 길이를 재는 단위로 1촌은 약 3cm이다. 1촌의 10배는 1척(尺)으로 약 30cm이고, 1/10은 1분(分)으로 약 3mm이다. 6촌은 약 18cm이다. 그리고 1척의 10배는 1장(丈)이며 약 3m이다.

호류지 중문의
기둥과 초석

와 기어코 완수해내는 실천력이 없었다면 이렇게 오래된 건물을 지금 우리가 볼 수 없지 않았을까요? 그것은 바로 건물의 기둥을 세우는 방식을 굴립주식(掘立柱式)*에서 초석식(礎石式)**으로 바꾼 것입니다. 몇백 년을 이어온 고대인들의 굴립주 방식을 호류지 창건 때 누가 어떤 이유로 초석식으로 바꿨을까요? 쇼토쿠태자의 지혜인지, 백제 장인들의 집념인지, 뒤이어 온 신라 장인들의 신지식에 의한 것인지, 아니면 그 밖에 다른 이유가 있었는지 나는 잘 모르겠습니다. 그저 이러한 전환을 지시한 사람도 해낸 사람도 대단하다고 감탄만 할 뿐입니다.

땅을 파고 밑동을 묻어서 기둥을 세우면 흙에 묻히는 경계부가 빨리 썩습니다. 기둥이 썩으면 집이 무너진다는 것은 고대인도 알고 있었

---

*   땅에 구멍을 파고 그 안에 밑동을 묻어서 기둥을 세우는 방식
**   기단 위에 초석을 놓고 그 위에 기둥을 세우는 방식

호류지를 지탱한 나무

헤이조쿄 터의 굴립주

습니다. 그러나 그렇게 하는 것이 지진이나 태풍에 더욱 안전하다는 것을 더욱 절실하게 여겼기 때문에 굴립주 방식을 고집했다고 생각합니다. 그것을 결국 초석 위에 기둥을 세워 기둥과 건물의 수명을 늘린 초석식으로 바꿔버린 배짱, 그 배짱은 훌륭한 지혜가 있었기 때문에 가능했을 것입니다.

굴립주에 대한 집착은 호류지 창건 100년 뒤에 건설된 헤이조쿄 유적에서도 볼 수 있습니다. 뿐만 아니라 산인(山陰)지방***의 어촌에서는 지금도 굴립주 주택이 있을 정도입니다. 이런 것을 보더라도 아스카시대의 사람들이 영원한 건물을 만들기 위해 필사의 시도를 했다는 것이

*** 혼슈(本州) 서쪽의 우리나라 동해 바다에 면한 해안 지방. 돗토리현(鳥取縣)과 시마네현(島根縣)을 중심으로 교토부(京都府), 효고현(兵庫縣), 야마구치현(山口縣)의 북부 등이 포함된다.

진정으로 느껴져 가슴이 벅차오릅니다.

요즘 건물은 환경 파괴라든지 일조권 같은 것이 문제가 되고 있습니다. 고대 사람들은 당탑을 지을 때 주위의 산이나 강, 또 구름의 흐름과도 조화를 잘 이루도록 했습니다. 예를 들어 불당이나 탑의 높이는 뒷산의 높이를 배려하며 결정했습니다. 이즈모대사(出雲大社)가 그 뒤에 솟아있는 야쿠모야마(八雲山)의 절반 높이로 보이도록 되어 있는 것처럼 산 높이와 조화를 이루도록 하는 것을 중요하게 여겼습니다.

호류지에서는 유일한 문양이 조각된 부재라고 할 수 있는 운형두공(雲形斗栱)*의 무늬는 근처의 니죠산(二上山)에서 자주 피어나는 구름과 아주 닮았습니다. 그것을 어느 학자가 연못에 이는 물결무늬를 형상화한 것이라며 이상한 설을 주장했을 때에는 어이가 없었습니다. 고대인들의 마음을 너무 몰랐기 때문입니다.

하나하나의 건물에 대해서도 다른 건물에 그림자를 드리우지 않도록 크기와 높이, 그리고 간격을 적절하게 고려했습니다. 건물에 그림자가 생기면 습기가 차고 건조가 잘 안 돼 쉽게 썩는다는 것을 알고 있었기 때문입니다. 이것은 일조권 이전의 문제로 건물의 생명을 생각하는 목수라면 범해서는 안 되는 기본원칙이었습니다.

---

* 두공(斗栱)은 공포의 다른 말이다. 공포는 막대 모양의 공(栱)과 육면체의 아랫부분을 경사지게 깎은 모양의 두(斗)를 짜맞춰 만들기 때문에 생긴 명칭이다. 공은 첨차, 두는 소로 혹은 주두에 해당한다. 공포는 일본말로 구미모노(組物)라고 하는데 그러한 공(첨차)과 두(소로, 주두)를 조합에서 만들었다는 뜻이다. 첨차와 소로를 구름모양으로 조각해서 만든 공포를 운형두공이라고 하는데, 아스카시대 양식으로 된 호류지 서원의 금당과 오중탑, 중문에서 볼 수 있다. 37쪽의 그림(니시오카의 공포 스케치) 참조

왕성과 숫돌

나는 목수 수업을 받는 동안 연장을 가는 것이 얼마나 중요한지 할아버지로부터 몸으로 익히며 배웠다고 했습니다. 연장을 갈아 잘 들게 하기 위해서는 그것을 갈기 위한 숫돌이 필요합니다. 옛날부터

"왕성이 있는 곳에 숫돌이 있다."

라는 말이 있습니다. 이 의미는

"좋은 숫돌이 나지 않는 곳에 왕성을 세울 수 없다. 왕성이 있는 곳에는 반드시 좋은 숫돌이 있다."

라는 것입니다.

일을 잘하는 목수의 하루는 작업이 6, 연장 가는 것이 4라고 나는 믿고 있습니다. 반복해서 말하지만 연장을 제대로 갈려면 최소 3년 걸립니다. 연장을 제대로 갈 수 있으면 깎고 새기는 것은 금방 할 수 있습니다. 연장 가는 일은 스스로 온전히 납득될 때까지 반복해야 합니다. 더 이상 잘 갈 수 없을 때까지 갈아야 합니다. 그렇게 하면 대패나 끌도 면도칼보다 더 잘 들게 할 수 있습니다.

잘 간 연장은 날에 종이를 갖다 대고 입으로 바람을 불어도 바로 잘립니다. 이런 연장으로 나무를 깎으면 나무의 섬유를 다치지 않게 하면서 세포층을 한 겹 한 겹 벗겨내는 듯한 느낌이 듭니다. 여기에는 빗물이 닿아도 세포층에 잘린 상처가 없기 때문에 마치 빗물을 튕겨 내는 듯합니다. 잘 안 드는 연장은 나무 표면에 보풀이 생기게 하여 빗물이 바로 흘러내리지 않고 안으로 스며들어 나무의 수명을 단축시키고 죽게 합니다. 따라서 튼튼하고 오래가는 목조 건물을 짓기 위해 장소와 배치, 구조와 재료를 잘 고려했다면 다음에 필요한 것은 목수의 연장입니다. 그리

고 연장을 가는 숫돌입니다. 날이 잘 드는 연장을 위해서는 숫돌의 양도 중요합니다.

　나라도 교토도 옛날에는 왕성의 터로 적합했고 좋은 숫돌이 많이 났습니다. 지금은 대부분 채굴되어 버려 그 유풍이 아주 조금 남아있을 뿐입니다.

자루대패

숫돌 다음에 연장 이야기를 하는 것이 순서가 반대로 된 것 같기는 합니다만 호류지와 같은 고대 건축을 만드는 데 사용된 연장 중에 자루대패*라는 것이 있었습니다. 아스카양식에서 볼 수 있는 운형두공의 조각과 곡면, 기둥의 배흘림은 모두 자루대패로 만들어 낸 것입니다.

　특히 호류지의 배흘림기둥이 히노키로 되어 있다는 것에 나는 깊은 감명을 받았습니다. 저 기둥이 돌이나 철이었다면 곤란했을 것입니다. 나무 중에서도 히노키가 아니라면 납득할 수 없습니다. 금당의 분위기에 어울리는 저 독특한 부드러움, 온화함, 따스함은 히노키가 아니고서는 만들어 낼 수 없습니다.

　이러한 히노키의 특질을 십분 끌어낸 것이 자루대패입니다. 만약 이것을 틀대패**로 마감했다면 에도시대의 사찰이나 신사와 같이 차갑고 딱딱한 느낌이 되었을지도 모릅니다. 다행인지 불행인지 틀대패라는

---

*　일본말로는 야리간나(槍鉋)라고 한다. 긴 자루가 달린 창처럼 생긴 대패라는 뜻이다. 한국에서도 고대에는 자루대패가 사용되었다.

　호류지를 지탱한 나무

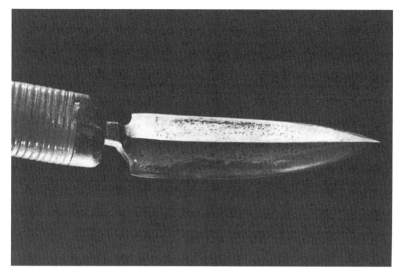

자루대패

편리한 도구가 사용되기 시작한 것은 무로마치시대부터입니다. 그전까지는 날의 끝이 굽은 창처럼 생긴 이 자루대패로 마감 작업을 했습니다.

자루대패는 틀대패에 비해 힘과 시간이 2배나 드는 능률이 나쁜 도구입니다. 그러나 그 매끄러운 마감 면을 잘 살펴보면 마치 납작한 숟가락으로 떠낸 것 같은 작은 곡면이 연속되어 있습니다. 호류지의 배흘림기둥은 굵고 둥글며 가운데 부분이 배부른, 말하자면 곡면의 연속입니다. 자루대패는 바로 이런 모양의 기둥을 깎기 위해 생겨난 것이 아닐까

** 납작한 직육면체 모양의 대팻집에 홈을 파고 날을 끼워 사용하는 대패로, 우리가 흔히 알고 있는 모양의 대패이다. 한국의 전통 틀대패는 대팻집에 손잡이를 달아 대패를 밀면서 깎는 방식이고, 일본의 것은 손잡이가 없고 대패를 당기면서 깎는 방식으로 서로 달랐으나, 근대 이후로 한국에서도 일본식 틀대패가 보편적으로 사용되었다.

하는 생각이 들기도 합니다. 틀대패의 마감 면은 매끄럽기는 하지만 직선이나 평면의 연속입니다. 여기에 큰 차이가 있습니다.

　이 자루대패는 틀대패의 출현과 더불어 완전히 사라져 버렸습니다. 지금은 모양은 비슷하지만 크기는 실제로 사용됐던 것보다 작은 것이 쇼소인(正倉院)*에 하나 남아있을 뿐입니다. 호류지 대수리에서 소실된 금당 하층 부분의 배홀림기둥과 운형두공을 복원할 때, 문부성의 지시를 받아 여러모로 고심한 끝에 자루대패의 복원에 성공했습니다.

　그러나 모양은 자루대패인데 처음의 시제품은 사용할 수 없었습니다. 아무리 갈아도 잘 잘리지 않았습니다. 차근차근 조사한 결과 현재의 철로는 안 된다는 것을 알게 됐습니다. 지금의 강철은 너무 딱딱해서 히노키의 재질과 맞지 않았던 것입니다. 그래서 호류지에 남아있던 아스카시대의 못을 녹인 쇳물에 일본 면도칼의 강철을 섞어 자루대패 5자루를 만들어 잘 쓸 수 있었습니다. 오사카 사카이시(堺市)에 사는 도장(刀匠) 미즈노 마사노리(水野正範) 씨가 특별히 만들어 주셨습니다. 옛날 못으로 만든 자루대패는 부드러우면서 탄력이 있었습니다. 히노키의 재질과 아주 잘 맞았고 잘 깎였습니다. 호류지 금당을 복원하고 나서 야쿠시지 금당의 재건에도 유용하게 썼습니다. 그러나 처음 자루대패를 복원하고 나서 미즈노 도장이 만들어 준 것을 실제로 사용할 수 있게 되기까지 3년 정도 걸렸습니다.

---

*　나라의 도다이지(東大寺) 경내에 있는 귀틀집 구조로 된 고상식 창고 일곽. 건물은 나라시대에 건립되었고 안에는 고대 황실과 도다이지의 보물, 의식 관련 용품, 문서 등 귀중한 역사적 유물이 다수 보관되어 있었다. 1998년 '고도 나라의 문화재'의 일부로 유네스코 세계유산에 등재되었다.

　　　　　　　　　　　　　　호류지를 지탱한 나무

3. 나무에 대해

나무의 수명

현재 일본인의 평균 수명은 80세까지 늘었습니다. 그 때문인지 55세나 60세에 정년퇴직한 사람들이 '제2의 인생'이라고 말하는 것을 종종 듣습니다. 옛날에는 그 말의 의미가 얼마 남지 않은 여생을 즐긴다는 것이었겠지요. 그것이 지금은 그 세월을 다시 산다는 기대가 포함된 말이라고 누군가에게 들은 적이 있습니다. 그 말을 들었을 때 이 세상에 살아있는 것에는 무언가 서로 닮은 것이 있다고 느꼈습니다.

나는 호류지라는 1300년 전의 건물과 그것을 지탱해온 오래된 나무와 함께 살아왔습니다. 그런 내게 최고로 애착이 가는 그 오래된 나무가 언제까지라도 살아있어 주기를 바라지만, 결국에는 내가 먼저 세상을 뜨게 될 겁니다.

할아버지도 아버지도 나도 나무는 "두 번 산다."고 믿었습니다. 우리만 그렇게 생각한 것은 아니었습니다. 어쩌면 일본에서는 신들이 이 땅을 다스렸다는 아주 옛날부터 그랬는지도 모릅니다. 우리는 불당이나 궁궐을 지을 때 하늘과 땅의 신들에게 축문을 지어 고합니다.

"흙에서 태어나 산에서 자란 나무의 생명을 받자와 이곳으로 옮겨 왔습니다. 앞으로는 이 나무의 새로운 생명이 이 건물에서 움트고 자라 여태껏 이상으로 살아가기를 기원합니다."

라는 의미의 축문을 지어 신들에게 올리는 것이 관례였습니다. 따라서 산에서 2000년을 산 나무가 두 번째로 살아갈 장소로 불당이나 궁궐을 얻게 되면 이전과 같은 세월 혹은 그 이상으로 건물을 지탱하며 살아가 줄 것이라 믿었습니다.

호류지의 건물은 대부분 히노키로 되어 있고 중요한 부분에 모두 수령 1000년 이상의 히노키가 사용되었습니다. 그 히노키가 벌써 1300년을 견디고도 꿈쩍하지도 않습니다. 기둥이나 일부 부재의 표면은 오랜 세월의 풍화로 회색으로 변하고, 몇 개는 썩어서 부식된 것처럼 보이기도 하지만, 대패로 표면을 2~3mm 정도만 깎아 보면 놀랍게도 여전히 히노키 특유의 향이 납니다. 그렇게 얇게 깎아 낸 히노키의 색은 요시노의 히노키와 비슷한 붉은빛을 띠는 갈색입니다. 1300년 전에 두 번째 생의 장소를 얻은 호류지의 히노키는 사람에 비유하자면 한참 일하는 장년의 모습으로 살아있는 것입니다.

쇼와 대수리에서 금당과 오중탑을 해체 수리할 때였습니다. 추녀와 하앙(下昻)* 등 처마를 지탱하는 부재의 히노키가 지붕의 무게 때문에 많이 휘어 아래로 처져 있었습니다. 그런데 상부의 기와와 흙을 걷어 냈더니 어떻게 됐을까요. 휘어 있던 서까래가 2, 3일 지나니까 원래의 모습

---

* 공포를 구성하는 여러 부재 가운데 맨 위에서 서까래와 평행하게 경사지게 짜이는 긴 부재를 하앙이라고 한다. 37쪽의 그림(니시오카의 공포 스케치) 참조

으로 되돌아와 있었습니다. 역시 나무는 살아있었던 것입니다.

목재의 노화 현상을 연구하는 고하라 지로 선생님께 이것을 말씀드렸더니 "당연합니다."라고 했습니다. 이것에 대해서는 뒤에서 자세히 설명하겠습니다.

호류지의 히노키에 대해 말하자면 지금 옛 기둥의 강도는 새 히노키와 거의 같다고 합니다. 그렇다면 앞으로 수명이 1000년 이상은 더 간다는 것인데, 우리가 수령 2000년 된 나무는 건물에서 다시 두 번째 2000년의 삶이 있다고 믿어 왔던 것이 틀리지 않았습니다. 이렇게 기분 좋은 일은 더 없을 것입니다.

그렇다면 수명이 300~400년인 느티나무, 소나무, 그보다 긴 800년 정도의 삼나무는 어떨까요. 이런 나무로 만든 부재들은 열기와 습기가 심한 기와 밑이나 빗물이 닿는 부분에 사용되었기 때문에 수명이 짧아졌을 뿐 통기가 좋고 빗물이 닿지 않는 곳에 사용했다면 수명은 더욱 길어졌을 것입니다. 인간 세상에도 운이 없는 삶으로 생을 마감하는 사람이 있는 것과 마찬가지가 아닐까요?

나무를 사지 말고 숲을 사라

이 말은 앞에서도 말한 것처럼 호류지의 목수들 사이에서 옛날부터 전해져 온 구전 가운데 하나입니다. 이것과 비슷한 말 중에 "나무만 보고 숲은 안 본다."라는 것도 있습니다. 한 그루 한 그루 나무의 모습에 눈을 빼앗겨 산이나 숲의 전체를 놓쳐서는 안 된다는 뜻이겠지요. 호류지 목수의 구전에도 이것과 비슷한 격언으로

"불당을 짓지 말고 가람을 지어라."

라는 말이 있습니다. 호류지 전체 당탑 가람의 배치나 조화를 간과해서는 안 되며, 하나의 불당을 재건하거나 수리하더라도 전체적인 조화는 잊은 채 함부로 해서는 안 된다는 의미입니다.

"나무를 사지 말고 숲을 사라."라는 말의 의미도 일부 그것과 비슷한 면도 있겠지만 다른 부분도 있습니다. 내 해석은 이렇습니다. 큰 당탑을 짓기 위해서는 나무가 많이 필요합니다. 건물을 지은 이후에 뒤틀리거나 기울어지지 않게 하기 위해서는 재질이 동일하고 나뭇결이 곧으며 특별한 편향성이 없는 나무를 사용하면 될 것이라고 생각할지도 모르겠지만 꼭 그렇지만은 않습니다. 건물에는 햇빛이 잘 드는 곳과 그렇지 않은 곳, 습기가 많은 곳과 적은 곳, 바람을 세게 맞는 곳과 약하게 맞는 곳, 하중이 크게 걸리는 곳과 그렇지 않은 곳 등과 같이 다양한 조건이 섞여 있습니다.

이런 조건에 맞춰 나무를 하나하나 찾아다닌다면 필요한 나무를 모두 모으는 데만 몇 년이나 걸리고, 아니면 그런 세세한 탐색만 하다가 지쳐버려 정작 제대로 된 건물을 완성하지 못한 채 끝나버릴지도 모릅니다. 그렇게 되어서는 안 됩니다. 건물의 조건을 나무가 자라는 산의 상태에 대응시켜서 그 산 전체에서 필요한 나무를 찾아 갖추라는 것이 이 구전의 가르침입니다.

나무는 살아있습니다. 산에 있어도 건물로 다시 태어나도 "살아 있다."라는 것에는 변함이 없습니다. 살아있는 사람의 성격이 한 사람 한 사람 다른 것처럼 나무 역시 한 그루도 같은 성격 같은 재질은 없습니다. 대체로 나무가 자란 지역에 따라 다릅니다.

요시노의 히노키는 기름기가 있고 강인합니다. 대패로 깎은 면에

호류지를 지탱한 나무

빗물이 닿으면 미끄러지듯 흘러내립니다. 요시노에서도 산마다 계곡마다 차이가 있습니다. 또 산에서 씨앗에서부터 싹이 나서 자란 천연의 히노키는 부드러우면서 탄력이 있고, 인공으로 묘목을 심어 키운 나무는 뒤룩뒤룩 살이 찐 것처럼 보이지만 강도나 강인함이 부족합니다.

기소 히노키 즉 비슈(尾州) 히노키*는 부드럽고 깎은 면이 아름다운 반면 기름기가 적어서 빗물이 스며들어 풍화되기 쉬우며 휘는 힘에 약한 결점이 있습니다. 호린지 삼중탑과 야쿠시지 금당 재건에 사용한 타이완 히노키는 요시노 히노키에 비해 기름기가 많고 단단하지만 잘 부러지는 경향이 있는 것 같습니다.

그래서 필요한 나무를 찾아 이곳저곳을 돌아다니기보다는 하나의 산을 찾아 통째로 사면 오히려 각각에 필요한 조건을 갖춘 재질의 나무를 살 수 있습니다. 그 안에서도 산등성이와 골짜기, 양지와 음지, 바람이 강한 곳과 약한 곳 등에 따라 재질이 다릅니다. 뒤에 '나무의 편향성' 부분에서 다시 설명하겠습니다만 그렇게 다양한 재질의 나무는 적재(適材)를 적소(適所)에 사용함으로써 해결됩니다. 이것을 할 수 있는지 여부는 목수의 손에 달려있습니다.

그래서 앞에서 소개한

"탑을 짓는 것은 나무를 짜맞추는 것."

"나무를 짜맞추는 것은 나무의 성질을 맞추는 것."

"나무의 성질을 맞추는 것은 사람을 맞추는 것."

---

* 기소 히노키의 산지인 나가노현 기소 지역은 에도시대에 오와리번(尾張藩)에 속해 있었는데, 비슈번(尾州藩)이라고도 불렸다. 그래서 기소 히노키를 비슈 히노키라고도 한다.

"사람을 맞추는 것은 사람의 마음을 맞추는 것."

이라는 미야다이쿠의 구전이 있는 것입니다.

당탑을 지을 때 설계도대로 용재가 마련됐다 하더라도 다음이 큰일입니다. 편향성 있는 나무를 짜맞추기 전에, 편향성 있는 나무 이상으로 '사람의 마음'을 얻어서 확실하게 공동작업이 가능하도록 해 두어야만 하기 때문입니다.

호류지의 배흘림기둥을 하나하나 자세히 실측해 보면 기둥마다 큰 차이가 있습니다. 도끼나 쐐기로 쪼갠 나무를 자귀와 자루대패로 깎기 때문에 너무 많이 갈라지거나 깎인 곳이 있는 것은 당연합니다. 이렇게 가지런하지 않은 모양은 자세히 보면 공포에도 많습니다. 소로의 곡선도 같은 것이 하나도 없습니다. 전부 다릅니다. 서까래의 굵기도 일정하지 않습니다. 이렇게 모양이 일정하지 않은 부분을 모아서 하나의 전체를 만들어내는 것은 지극히 어려운 일이었습니다. 그것을 훌륭히 해낸 것은 물론, 거기에 더해 전체적으로 볼 때 통일감 있고, 힘이 있고 늠름하며, 부드러운 분위기까지 내고 있습니다. 이것은 비범한 일입니다. 여러 목수의 마음이 하나가 되지 않으면 불가능합니다. 옛날 호류지 목수가 마음을 하나로 모을 수 있었던 것은 동량의 통솔력뿐만 아니라 서로의 마음이 통하고 하나로 묶일 수 있는 신앙의 대상이 있었기 때문이 아닐까요.

나무의 편향성

이것으로 끝난다고 생각할 수도 있겠습니다만 옛날에 당탑의 재목을 조립한다는 것은 단지 나무를 설계된 수치대로 조립하는 것만이 아니었습니다. 그 일을 하는 목수들의 마음이 하나가 되어 일관되게 그 당탑이 갖추어야 할 전체적인 모습이 목수 한 사람 한 사람의 마음속에 분명하게 있었습니다. 부분적으로는 자재의 길이나 굵기가 다른 경우가 있더라도 당시에는 그다지 신경 쓰지 않았던 듯합니다. 어쨌든 그들이 추구하는 당탑의 모습이 완성될 것이라고 믿고 있었기 때문입니다. 한마음이 된 목수들이 가장 신경 쓴 것은 나무의 편향성을 이해하고 그것을 당탑에 잘 맞추는 것입니다.

산의 나무는 평지이건 경사지이건 간에 먼저 지면에 대해 직각으로 싹을 틔웁니다. 지면에서 싹이 올라온 나무는 이번에는 하늘을 향해 수직으로 자랍니다. 지면의 경사와는 관계가 없습니다. 따라서 밑둥치 부분은 위쪽으로 완만히 휘게 되는데, 이 휘어진 부분을 이상재(異常材)라고 합니다.

호린지 삼중탑과 야쿠시지 금당을 재건할 때 사용할 나무를 보러 타이완에 갔을 때의 일입니다. 수령이 1000년도 넘은 나무였지만 급경사면에서 자랐기 때문에 이상재 부분의 길이가 4m 이상이나 되었습니다. 이상재 부분은 땅 위로 뻗어 있는 나무의 무게를 지탱하고 바람에 흔들리는 것에 버텨야 하기 때문에 줄기 중에서도 재질이 가장 견고하고 편향성이 있으며, 섬유는 대나무의 그것과 같이 탄력이 있습니다.

어떤 나무라도 편향성을 없애기 위해서는 벌목한 다음 3년에서 10년 동안 뉘어 놓아야 합니다. 3~10년이나 뉘어 놓는 것을 두고 오랜 기간 나무를 그냥 쓸모없는 상태로 내버려 두는 것으로 생각할지도 모르겠습니다. 그러나 옛날에는 산에서 나무를 베어 절이나 궁궐을 짓는 곳까지 운반하는데 3년, 5년이나 걸린 경우가 많습니다. 그동안 베어 낸

재건된 야쿠시지 금당

나무는 혹독한 자연의 비, 바람, 눈, 더위, 추위를 맞으며 자연의 나무에서 건물의 나무로 다시 태어나기 위한 체질 개선을 하는 것입니다.

자연의 나무였을 때 생육에 필요했던 수액(樹液)은 건물의 나무가 되면 필요 없게 됩니다. 이 수액이 어떤 성분으로 되어 있는지 자세히는 모르지만 건물의 나무가 되었을 때 그 나무에 수액이 남아있으면 좋지 않습니다. 그것을 일반적으로는 나무의 건조가 아직 좋지 않다든가 잘 마르지 않았다고 합니다. 마르지 않은 나무를 사용하면 갈라지거나 생각지도 못한 편향성이 나타나 건물을 뒤틀리게 하기도 합니다. 또 얼룩이 생기거나 나무가 썩는 원인이 되기도 합니다.

이것을 없애기 위해서는 나무의 수액을 완전히 제거해야만 합니다. 옛날 사람들은 수액이 마르기를 진득하게 기다렸습니다. 멍하니 기다리

72

기만 하는 것이 아니라 산에서부터 운반해 내는 동안의 시간을 그것으로 갈음했던 것입니다. 그래도 수액이 남아 있으면 나무를 못이나 강에 담가 두었습니다. 수액이 남아있는 나무는 물에 가라앉습니다. 가라앉은 나무에는 물이 스며들어 나무 속의 수액을 밀어내 줍니다. 이렇게 해서 수심의 수액까지 전부 빠져나간 나무는 수면으로 떠오르게 됩니다. 수액이 없어지면 물도 잘 빠지기 때문에 건조도 빨라집니다. 나무를 건조한다는 것은 이것을 말합니다.

이렇게 해서 산에서 2000년을 산 나무가 건물의 나무로 다시 2000년을 살 수 있는 필요조건을 갖추게 된다고 나는 생각합니다. 나무의 입장에서 보면 제2의 생을 살기 위해서는 3~10년 동안의 이러한 정진이 필요하다는 것입니다. 그게 어떨까요? 지금과 같이 바쁜 시대에서는 불가능한 일입니다.

호린지 삼중탑과 야쿠시지 금당의 기둥은 천연 건조한 것이지만 재건한 호류지 금당의 주요 기둥은 고주파 건조라는 빠른 건조방식이 사용되었습니다. 이것은 자연의 힘으로 수액을 제거하는 것이 아니라 인공적으로 열을 가해 수액을 태워 없애는 것과 같은 방식입니다. 이것은 나무의 수명을 단축시키는 것이지요. 고주파 건조가 생각했던 것만큼 효과를 내지 못하자 기둥 중앙의 심 부분을 제거하고 고주파를 가하는 황당한 일도 있었습니다. 결과적으로 굵은 기둥은 길이 방향으로 심하게 갈라져 있습니다. 기둥이 몇 개로 쪼개질지도 모른다는 염려도 있었습니다. 어쩌면 다음 수리 때에는 기둥의 위, 아래를 띠철로 감아야 할지도 모릅니다. 곤란한 일입니다. 시간이 없다, 돈이 없다는 이유로 자연의 법칙을 거스르면 엄청난 결과가 생길지도 모릅니다.

속까지 마른 나무는 비로소 특유의 편향성이 나오기 시작합니다.

뒤틀리거나 휘거나 해서 어느 하나 똑같은 것이 없습니다. 나무의 편향성은 경험이 쌓이면 속까지 마르기 전에 겉으로만 보아도 80% 정도까지는 예상할 수 있습니다. 나머지 20%는 완전히 마르기 전까지는 알 수 없습니다.

그런데 앞서 설명한 이상재만은 5년이 지나도 10년이 지나도 편향성이 나타나는데 거기에는 법칙성이나 안정감도 없어서 어떻게 될지 전혀 알 수 없습니다. 알 수 없다는 것은 다르게 말하면 이제부터 새롭게 태어난다는 의미가 되지 않을까요? 이상재를 잘 쓰면 강도는 이것 이상 가는 것이 없지만, 당탑에 사용하는 것은 위험하기 때문에 옛날부터 되도록이면 사용하지 않았습니다. 타이완 히노키의 이상재도 굵고 길어 모두 좋은 재목이었습니다만 이런 이유로 모두 산에 그냥 두고 왔습니다. 이 이상재 부분을 잘라 버린 다음 목수는 나무의 편향성을 살펴 어느 부분을 어디에 어떻게 사용할지 결정합니다.

나무의 편향성은 우선 뒤틀림과 휨으로 나타납니다. 같은 종류의 나무라도 산의 정상, 중턱, 계곡, 사면의 각도, 북쪽이나 서쪽 사면, 남쪽이나 동쪽 사면, 바람의 강약, 식생 밀도 등에 따라 휘는 정도와 딱딱함, 부드러움은 물론 재질이 각양각색입니다. 오른쪽으로 휘는 나무에 같은 정도의 힘으로 왼쪽으로 휘는 나무를 짜맞추면 좌우로 움직이려는 힘이 균형을 이루어 탑이 뒤틀리거나 기우는 일이 없습니다. 이것이 나무를 짜맞추는 것의 기본입니다.

힘이 걸리는 부분이나 축부재*에는 비틀리고 옹이가 있는 나무를 씁니다. 그런 나무는 산 정상의 남쪽이나 동쪽 사면에서 강한 바람을 맞으며 자란 것입니다. 북쪽, 서쪽 사면이나 계곡에서 자란 나무는 곧고 재질이 부드럽습니다. 그래서 힘도 없고 수명도 짧습니다. 사람에 비유한다면 온실에서 자란 것과 같습니다. 힘이 걸리는 축부재에는 적합하지 않지만 마감용 재료로는 쓸 수 있습니다.

북쪽이나 서쪽 사면에서 자란 나무는 밑둥치부터 줄기 끝까지 굵기가 일정하기 때문에 큰 재목을 얻을 수 있습니다. 반면에 남쪽이나 동쪽 사면에서 자란 나무는 밑둥치는 굵어도 위로 가면서 가늘어지는 것이 많습니다.

한 그루의 나무라도 수심을 경계로 남쪽과 북쪽 부분에서는 각각 위에서 설명한 것과 같은 재질의 차이를 보입니다. 가지는 남동쪽에서 많이 나오기 때문에 그쪽은 옹이가 많기 마련입니다. 그래서 큰 나무를 네 개로 쪼개어 사용하는 경우에는 남동쪽의 두 개를 기둥 등으로 쓰고, 북서쪽의 두 개는 재질을 보아 축부재나 마감재로 쓸지를 결정합니다. 네 개 모두 기둥으로 쓰는 경우에도 남동쪽의 옹이가 많고 울퉁불퉁한 두 개는 건물의 남동쪽에, 북서쪽의 곧은 두 개는 건물에서도 역시 북서쪽에 사용해야 합니다. 건물의 재목이 되더라도 생육한 산의 조건으로 인해 생긴 성질을 계속 가지고 있기 때문입니다. 그렇게 하지 않으면 나무의 성질과 맞지 않아 건물이 기울어지기도 합니다. 이것에 대해서는 뒤에서 나무의 '햇빛이 닿는 면'과 '햇빛이 닿지 않는 면' 부분에서 다시 설명하겠습니다.

그런데 고대 건축의 남쪽은 정면이고 출입구가 나는 곳입니다. 거

＊　일본을 포함한 동아시아의 전통적인 목조구법으로 건물을 짓는 기본적인 방식은 기둥을 세운 다음 기둥과 기둥 사이를 인방으로 연결해 고정하고, 이 위에 보와 도리를 걸어서 뼈대를 구성하며, 도리 위에 서까래를 얹고 지붕을 덮어 완성한다. 이렇게 이루어진 뼈대를 축부(軸部)라고 하며, 축부를 구성하는 기둥, 인방, 보, 도리 등을 축부재라고 한다.

기에는 옹이가 없고 결이 곧으며 깨끗한 북서쪽의 나무로 장식하고 싶은 것이 보통입니다. 그럼에도 호류지에서는 금당에서도 남쪽의 정면에 옹이가 많고 촉감이 좋지 않은 남동쪽의 나무를 사용하고 있습니다. 여기에서도 나무를 알고 나무에 생명을 불어넣어 자연을 거스르지 않는 아스카 목수들의 늠름함과 지혜를 볼 수 있습니다.

당탑뿐 아니라 주택 등에서도 이러한 것을 지킨다면 나무가 휘어서 벽이 갈라지거나 창호가 뒤틀리는 등의 일은 막을 수 있을 것입니다. 그러나 지금은 나무의 성질을 읽어내지 못합니다. 아직 편향성이 완전히 제거되지 않은 나무를 규격에 따라 기둥이나 판재로 제재해 버려 목수가 나무의 성질을 읽고 싶어도 읽을 수 없는 상태가 되어버렸기 때문입니다. 옛날에는 나무를 쪼개서 사용했기 때문에 건조되지 않은 나무라도 나뭇결을 보면 어느 방향으로 휘는 편향성이 있는지 알 수 있었습니다.

적재를 적소에

나무의 편향성이 변형을 야기하는 나쁜 것만은 아닙니다. 당탑 건축에서는 목재를 사용해 몇 겹으로 쌓인 기와나 벽 등과 같이 아주 무거운 하중을 견뎠습니다. 예를 들어 호류지 오중탑의 무게는 대략 120만kg입니다. 어딘가에서 나무로 이 무게를 받아내야 합니다. 그 무게를 견디는 나무는 산의 남쪽에서 계절마다 자연의 맹위를 견디며 살아온 강한 나무여야만 합니다. 그런 나무는 결이 촘촘하고 또렷하며 옹이가 살아있고 기름기가 있습니다. 이런 재질의 성질을 알고 적재를 적소에 사용하는 것이 당탑 건축에서는 중요합니다.

　서까래의 경우는 지붕의 무게로 인해 아래로 처지기 때문에 그걸 방지하기 위해 수심이 있는 쪽이 아래로 가도록 놓습니다. 수심이 있는 목재는 수심 반대쪽으로 휘기 때문에, 지붕의 하중으로 처지는 방향과 반대로 휘도록 서까래를 놓아 변형을 상쇄시키는 것입니다. 호류지의 탑은 각층마다 조금씩 서까래 간격이 다르게 되어 있어 일그러져 보이기도 합니다. 이것은 서까래 배열 간격의 치수가 다른 것이 아니라 오른쪽으로 휘는 것과 왼쪽으로 휘는 것, 밑으로 처지는 것과 위로 휘어 오르는 것을 잘 조합해 서로 변형을 상쇄시키고 있는 것입니다.

　통나무를 켜서 판재를 만들면 휘게 되는데, 부풀어오른 면은 수심에 가까운 부분입니다. 예를 들어 도리는 바깥으로 휘도록 놓습니다. 건물의 모서리 부분에서 도리와 도리가 조립되기 때문에 홈을 파거나 추녀를 걸기 위해 깎아내는 부분이 생기고, 그곳에 추녀가 조립됩니다. 이렇게 해서 한 지점에 세 개의 부재가 조립되기 때문에 그곳의 부재 단면적이 1/3로 줄어 약해집니다.

　하수가 조립하면 지진 때 도리의 끝부분이 부러지거나 떨어져 나가 버립니다. 그래서 서까래로 눌러 바깥으로 휘려는 도리를 안쪽으로 끌어당겨 넣도록 조립하는 것이 요령입니다. 이렇게 하면 강진이 오더라도 바깥으로 튕겨나가지 않습니다. 그러기 위해서는 나무의 편향성을 잘 관찰하고 이해하는 것이 중요합니다.

　한 그루의 나무에는 햇빛이 닿는 면과 햇빛이 닿지 않는 면이 있습니다. 햇빛이 닿는 면은 수심을 기준으로 남쪽 절반 부분으로 살아있는 옹이가 많고 나뭇결은 거칠면서 강한 느낌이 있습니다. 살아있는 옹이는 옹이와 둘레의 나무가 연결되어 있습니다. 반면 죽은 옹이는 옹이 둘레가 분리되어 있기 때문에 마르면 옹이가 빠져버립니다. 죽은 옹이가 있는 나무는 약합니다. 햇빛이 닿지 않는 면은 햇빛이 닿는 면의 반대쪽 부분으로, 살아있는 옹이가 적고 나뭇결은 곧지만 나무에 힘이 없습니다. 그래서 햇빛이 닿는 면은 기둥과 같은 구조재에, 또 햇빛이 닿지 않는 면은 눈에 잘 띄는 중요한 부분의 마감재로 돌립니다. 한 그루의 나무를 그대로 기둥으로 쓸 때에는 햇빛이 닿는 면이 남쪽을 향하도록 세웁니다. 햇빛이 닿는 면의 세포는 햇빛에 익숙해져 있지만 반대쪽 면은 그렇지 않기 때문에 햇빛이 닿으면 갈라짐이나 풍화가 심해집니다.

야쿠시지 금당에 사용한 타이완 히노키 중에서 기둥재로 사용한 나무는 지름이 2.5m나 되었습니다. 그것을 네 개로 쪼개 지름 70cm의 원기둥을 만들었는데 햇빛이 닿는 면은 건물 정면의 남쪽에 사용하고, 햇빛이 닿지 않는 면은 뒤쪽으로 돌렸습니다. 이렇게 하면 옹이가 많아 보기 좋지 않은 기둥이 정면으로 오게 됩니다. 보기 좋은 것보다 나무의 가장 자연에 가까운 상태 즉 자연에서 자랐던 환경에 거스르지 않게 사용하는 것이 그 나무의 수명을 다하도록 하는데 중요하며, 건물의 수명을 늘리는 방법도 되기 때문입니다.

호류지의 해체 수리를 통해 알게 된 것은 창건 이래 몇 차례 수리를 거치면서도 살아남은 큰 부재들은 적재를 적소에 구분해서 사용한 것이라는 점입니다. 특히 살아있는 옹이가 많은 햇빛이 닿는 면의 나무가 강했습니다.

호류지를 지탱한 나무

나무가 죽는 이유

나는 호류지 해체 수리 때 수령 2000년 된 히노키가 1300년 동안이나 호류지를 지탱해왔고 지금도 역시 각각의 자리에서 역할을 해내고 있는 것을 보고 나무의 생명이 존엄하다는 것에 감명을 받았습니다. 그것은 신이라고 생각할 수밖에 없었습니다.

타이완에서 수령 2000년의 히노키가 서 있는 것을 봤을 때도 그랬습니다. 오랜 세월에 퇴색되어 나이에 어울리는 풍격과 중량감이 가지에서도 잎에서도 배어 나오고 있었습니다. 나는 이런 나무를 대할 때 일심으로 손을 모아 경배합니다. "미야다이쿠의 양심으로 다짐컨대, 이 생명을 죽이는 것과 같은 일은 하지 않겠습니다."라고. 그런 다음에야 나는 톱이나 대패를 잡습니다.

생명체인 나무에도 사람과 마찬가지로 자연사와 사고사가 있습니다. 천재지변을 당하지 않는 이상은 나무도 천수를 누렸으면 하고 나는 바랍니다. 적어도 나무에 대한 봉사자인 나에게 나무의 천수를 방해하거나 사고사로 몰아넣는 일이 있어서는 안 된다고 맹세합니다.

건물이나 우리들의 생활 속에서 차분하고 포근하며, 다른 어떤 재료보다도 오래가고 앞으로도 오래갈 것이 분명한 나무를 자연에 어긋나게 사용하여 사고사를 당하게 하는 일이 요즘은 너무 많은 것 같습니다. 앞서 이야기한 고주파 건조와 같은 것은 그 한 가지 사례이겠지요. 진심을 말하자면 제재를 위한 기계설비나 전동공구도 없었으면 좋겠습니다. 가능하다면 아스카시대의 그런 불편함이 더 좋을 정도입니다. 그렇게 하면 목재 자원이 이렇게 고갈되는 일은 없을 것입니다. 일본뿐 아니라 해외의 목재 자원도 줄어들어 가고 있기 때문입니다.

전동톱(왼쪽)과 전동대패(오른쪽)

　　나처럼 먼 옛날의 방식만을 추구하고 생을 마치고자 하는 인간은 지금 시대의 새로운 기술을 따라갈 수가 없습니다. 그러나 나는 일부러 시대의 흐름을 거슬러 외치고 싶습니다. 소중하게 다루면 1000년이고 2000년이고 갈 나무의 생명을 왜 100년은 고사하고 20~30년 만에 끝나 버리게 사용하고 있냐고 말입니다. 적어도 후세에 길게 남기를 바라는 문화재에 대해서는 나무의 생명을 존중하는 복원이나 수리를 했으면 하는 바람입니다.

　　앞에서 나무의 편향성을 무시한 제재 방법은 나쁘다고 했습니다. 전동공구인 전동대패는 자루대패를 당해 내지 못합니다. 전동대패로 깎은 나무는 매끈하게 보이지만 실제로는 섬유를 손상시켜 버리기 때문에 빗물에 닿으면 물이 스며들어 검은 얼룩이 지고 빨리 썩습니다.

호류지를 지탱한 나무

나무를 죽이는 흉기의 하나로 철이 있습니다. 호류지에서 아스카 목수들은 최소한으로만 못을 사용했습니다. 그러나 그 철은 두드려 만드는 단조(鍛造) 방식을 거듭해 만들기 때문에 얇은 층이 여러 겹 겹쳐 있습니다. 표면이 녹슬어도 한 겹만 벗겨내면 속은 멀쩡합니다. 그래서 1300년이나 지난 지금도 제 역할을 해내는 못이 남아있는 것입니다.

게이초 대수리에서 보강재로 사용된 꺾쇠는 같은 단조 방식으로 만든 철이지만, 370년이 지난 지금은 푸석푸석한 녹 덩어리로 변해 철의 역할을 완전히 잃어버렸습니다.

할아버지가 1897년에 해체 수리한 홋키지 삼중탑에는 철제 볼트가 사용되었습니다. 이것을 1968년에 조사해 보니 녹이 슬어 볼트의 나삿등은 이미 사라져버렸고, 나무의 볼트 구멍이 헐거워져 있었는데 이것이 탑이 기우는 원인이었습니다.

이 철은 모두 저온에서 진득하게 오랜 시간에 걸쳐 만든 것입니다. 그럼에도 시간이 흐르면 품질이 저하되고 탑 전체의 수명을 단축시키는 원인이 됐던 것입니다.

철을 나무에 때려 박으면 철의 녹 때문에 주위의 나무도 썩습니다. 나무의 구멍에 박은 볼트에 녹이 슬면 구멍의 크기가 두 배나 넓어져 나무를 손상시키기 때문에 수리할 때에는 철물뿐만 아니라 나무도 교체하지 않으면 안 됩니다. 철은 단단하고 강한 것처럼 보이지만 생명력은 나무에 비해 훨씬 짧습니다. 히노키로만 지으면 1000년 이상 갈 건물을 철물을 함께 사용해 강제 동거시키는 것은 무척 안타까운 일이라고 생각합니다.

그러면 철근콘크리트와의 공존은 어떨까요? 이것 역시 좋지 않다고 나는 생각합니다. 재건한 야쿠시지 금당에는 국보로 지정된 불상을 화재나 지진으로부터 보호한다는 이유로 철근콘크리트로 된 거대한 상자가 들어가 있습니다. 이것은 부드러운 연구조(軟構造)의 일본 고대 건축과 딱딱한 경구조(硬構造)의 근대 양식 건축과의 타협의 산물이었습니다.

일본의 고건축은 지진이나 태풍 등의 힘을 적절히 분산시켜 없애는 연구조로 되어 있습니다. 그래서 나무와 나무의 연결 부위는 부드럽고 인체의 관절과 같은 역할을 하고 있습니다. 이러한 구조가 실제로 작동하기 위해서는 골격이 튼튼해야만 합니다. 그런데 야쿠시지 금당에서는 건물 안에 경구조의 철근콘크리트 수납고가 들어있기 때문에 보를 걸수가 없었습니다. 사람에 비유하면 뼈가 척추에 이어져 있지 않은 것과 마찬가지입니다. 이렇게 되면 어떤 충격으로 나무와 철근콘크리트가 부딪칠 때 부드러운 나무 쪽이 손상을 입습니다.

야쿠시지 금당을 재건할 때 구석구석까지 완전하게 나무로 복원할 수 없었던 배경에는 건축기준법이나 문화재보호법 등과 같은 법적 제약에 가로막혀 우리들의 바람과 경험이 실현될 수 없었던 것도 있습니다.

서양의 근대 건축공법을 부정하려는 것이 아닙니다. 그러나 나무를 알고 나무의 장점을 살린 일본의 건축기법은 1300년이 지난 지금도 불멸의 건축으로 남아있습니다. 우리는 그 기법을 배우는 것만으로도 벅차며 아직 그것을 뛰어넘지 못하고 있습니다. 그러니까 그 기법을 후세에 충실히 전하는 것이 내 일이라고 생각하는 것입니다.

심주

옛날부터 "교목(喬木)*은 바람에 강하다."라는 말이 있습니다. 나는 그 말을 가슴 깊이 새기고 있습니다. 하늘을 향해 높이 뻗은 큰 나무는 맹렬한 태풍이 불어와도 부드러우면서도 억세게 그 재난을 이겨냅니다. 그걸 견뎌냈기 때문에 큰 나무가 될 수 있었는지, 큰 나무였기 때문에 그것을 견뎌낼 수 있었는지 그것은 생각하기 나름일 것입니다.

아스카의 사람들은 비, 바람, 지진에도 견뎌낸 천연 숲의 큰 나무를 보고 종종 감동했을 것입니다. 그리고 거목으로 둘러싸여 하루하루를 살았을 것입니다.

호류지의 건물에 굴립주식을 버리고 초석식으로 기둥을 세운 배경이 무엇이건, 나는 그것을 지시한 사람, 그렇게 한 사람은 훌륭하다고 했습니다. 또 그것이 '아스카인들의 지혜'라고도 했습니다.

'아스카인들의 지혜'는 오중탑을 만들 때도 마찬가지였습니다. 아니 그것 이상으로 깊이 생각하고 고심했을 것입니다. 불당은 사람이 거주하는 궁궐이나 주택과 그 모습이 상통하는 면이 있습니다. 그런데 세장한 형태를 하고 하늘로 솟아오르는 탑이라는 건물을 어떻게 만들어낼지에 대해서는 많이 고심했을 것입니다. 그런 망설임에서 생각에 생각을 거듭해 드디어 마음 깊은 곳에서 솟구친 것은 바로 쇼토쿠태자를 존

---

* 줄기가 굵고 곧으며 높이가 8m 넘게 높게 자라는 나무를 교목이라고 한다. 줄기와 가지의 구별이 뚜렷하고 줄기는 1개이며, 줄기의 밑동에서부터 가지가 나오는 부분까지의 길이가 긴 것이 특징이다. 이에 비해 높게 자라지 않고 주줄기가 분명하지 않으며 밑동이나 땅속부터 줄기가 갈라져 나오는 나무를 관목(灌木)이라고 한다.

숭하는 신앙의 힘이었을 것입니다. 그것이 결국 오중탑 건립으로 이어질 수 있었던 것은 역시 아스카인들의 훌륭한 지혜였다고 나는 믿습니다.

그 '지혜'는 바람에 휘었다가도 바로 원래의 상태를 회복해 곧게 서 있는 주변의 거목으로부터 얻은 것이 분명합니다. 탑은 거목의 줄기에 가지와 잎이 난 형태를 하고 있습니다. 든든하게 뿌리를 내린 거목이라면 태풍이 왔을 때 가지나 잎이 떨어지는 일은 있어도 줄기는 쓰러지지 않습니다. 뿌리에서 줄기 끝까지 몇만, 몇백만 개의 세포가 부드럽게 이어져 있기 때문에 벌레에 의한 손상만 없다면 줄기가 바람에 꺾이는 일은 없습니다.

굴립주식에서 초석식으로 전환한 아스카인들이 탑의 심주에서는 다시 원래의 굴립주식으로 되돌아갔다고 생각할 수도 있겠지만 결코 그렇지 않습니다. 탑을 사방으로 가지와 잎이 난 거목으로 생각하고 심주를 나무의 줄기로 본다면, 심주는 뿌리가 땅속에 든든하게 박혀있도록 할 필요가 있습니다. 다행히 당탑의 기초 공법으로는 당시 중국으로부터 판축(版築)이라는 방법이 들어와 있었습니다. 이 방법은 건물 아래의 흙을 완전히 걷어 내고 생토층까지 파내려간 다음, 단단한 생토층 위에 양질의 점토를 1촌(약 3cm) 정도 깔아 다지고, 그 위에 모래를 깔고 다시 같은 양의 점토를 깔아 다지는 것을 반복해, 그것을 기단 윗면까지 다져 올려 당탑의 기단을 만들었습니다.

호류지 오중탑의 기단 높이는 지면에서 약 5척(약 1.5m) 정도이고, 지표면에서 땅속의 생토층까지 역시 5자 정도 파내려 갔습니다. 강인한 점토층으로 된 생토층 위에 지름 8척(약 2.4m) 정도의 심초석을 놓았습니다. 심초석 중앙에 구멍을 뚫어 사리를 봉안하고 그 위에 심주를 세웠습니다.

호류지를 지탱한 나무

심초석 윗면에서부터 기단 윗면까지 심주 둘레에 길이 8척, 두께 2촌 (약 6cm), 폭 1척(약 30cm) 정도의 두꺼운 히노키 판을 여러 겹 쌓아 심주가 썩는 것을 방지하도록 했습니다.

심주 아래의 사리공(舍利孔)은 덮개 홈 부분의 지름이 1척 정도이고, 그 중앙에 지름 6촌(약 18cm), 깊이 1척 정도 되는 절구 모양의 구멍으로 되어 있습니다. 사리공 안에는 투조(透彫)한 금제 사리함을 담은 놋쇠 그릇이 있고, 사리함 속에 사리를 넣은 유리병이 들어있었습니다. 이것은 석가모니의 혼입니다. 이 혼 위에 오중탑이 있고 그 중심은 심주입니다. 심주는 큰 나무의 줄기에 해당하므로 그 뿌리를 든든하게 땅에 박고 있었던 것입니다.

이런 구조로 된 오중탑은 영원불멸입니다. 그래서 앞서 말한 게이초, 고초 때의 낙뢰도 무사히 넘길 수 있었습니다. 1361년 7월 11일의 대지진 때는 탑 상부의 상륜(相輪)이 부러져 떨어졌다는 기록이 있습니다만 이것과 관련해서는 어떤 이유에서인지 그 흔적이 보이지 않습니다. 물론 오중탑은 무사했습니다. 기록에 남은 것만으로도 나라 일대에 40회 이상의 대지진이 확인되지만 모두 무사했습니다. 모두가 부처님의 가호 덕분이지만, 아스카인들이 이러한 심주 방식을 고안하고 그것을 실현시킨 것에 진심으로 존경을 표합니다.

이미 잘 알려진 것처럼 호류지 오중탑은 가장 오래된 탑입니다. 적어도 지금으로부터 1270여 년 전인 711년에는 온전한 형태로 서 있었다고 합니다.

쇼와 대수리 때 기단 속에 묻혀 있던 창건 당시 심주의 뿌리 부분은 잘라 내고, 그 상부는 기단 위에 초석을 놓고 그 위에 놓아 고정했습니다. 기단 속 뿌리는 완전히 썩어서 텅 빈 상태였습니다. 세간에서 오중탑의 동굴이라고 하는 말은 바로 이 부분을 말합니다.

거목의 줄기에 비유한 심주의 뿌리 부분은 지름이 거의 3척(약 90cm)에 달하는 굵기였습니다. 오중탑의 쇼와 대수리는 1942년 1월 8일에 시작해서 1952년 5월 17일에 끝났습니다. 이에 앞서 1926년에 심주 아래의 사리에 대한 조사가 비밀리에 이루어졌다는 사실은 이미 알려져 있습니다. 적어도 그 무렵까지는 사람들이 들어갈 수 있을 정도의 큰 구멍이었던 것입니다.

땅속에 고정되어 있던 심주가 이런 모습이 되어서도 탑이 지진이나 태풍에도 쓰러지지 않고 꿋꿋하게 서 있었다는 것에 감탄할 뿐입니다. 그런데 이렇게 기둥뿌리가 썩는다는 것은 창건 당시부터도 알고 있었습니다. 호류지 오중탑의 심주에는 711년에 탑이 완성되었을 때 심주의 기단 윗면 부위가 썩어서 그 부분을 보수한 흔적이 남아있습니다. 어떠한 연유로 오중탑은 착공에서 완공까지 30년 정도 걸렸다고 하는데, 탑 내부까지 완성되는 동안 심주가 수리되지 못하고 방치되어 있었을 가능성도 생각할 수 있겠습니다.

호류지 오중탑의 심주는 굴립주 방식이기는 하지만 고대의 방식 그대로는 아니었습니다. 기단 속은 점토와 모래입니다. 그리고 심주 뿌리 아래에는 커다란 초석을 놓았습니다. 말하자면 굴립주식과 초석식을 병용한 방식입니다. 뿌리 부분이 썩는 것을 방지하기 위해 충분히 고려했다고 생각합니다. 아스카의 장인들이 예상치도 못했던 공사 기일의 연장으로 인해 심주의 기단 표면 부근이 썩고 있는 것을 발견했을 때에는 상당히 동요했을 것이 상상됩니다. 그러나 그들은 썩은 부위를 도려내고 그곳에 초석 몇 개를 채워 넣었습니다. 그렇게 해서 심주를 거목과 같은 것으로 여겼던 처음의 생각을 끝까지 관철시켰던 것입니다.

호류지를 지탱한 나무

어쩌면 심주가 기단 윗면 부근에서 그 아래쪽으로 썩어 내려간 것이 아스카인들의 오산이었을지도 모릅니다. 그러나 그걸 알면서도 자신들의 신념과 방법을 관철시킨 근성은 훌륭하다고 생각합니다. 나무의 특질을 잘 알고 그것에 대한 절대적인 신념이 있었기 때문이겠지요.

쇼와 대수리 때 오중탑의 심주는 땅속에 묻힌 부분뿐만 아니라 비가 샌 5층 부분, 그리고 앞서 소개한 낙뢰 피해를 입은 부분 등 손상된 곳이 많았습니다. 그럼에도 가장 오래된 오중탑의 심주로서 무사히 역할을 수행해 왔다는 것에 나는 진심으로 감복하고 노고를 위로해 주고 싶었습니다.

물론 탑은 심주만으로 지탱되는 것은 아닙니다. 오중탑의 기단에서 상륜 꼭대기까지 전체 높이는 32m 정도이고, 무게는 120만kg이나 됩니다. 이렇게 높고 무거운 탑의 무게를, 6.416m² 정도 되는 면적의 1층에 세운 12개의 외진주(外陣柱)와 4개의 사천주(四天柱)*가 1270여 년이나 견뎌오고 있는 것입니다.

이 오중탑은 게이초, 겐로쿠 대수리 때 5층 부분이 해체 수리되었지만, 4층 이하 부분은 창건 당시 그대로였다는 것이 쇼와 대수리 때 확인되었습니다. 가장 놀라운 것은 호류지국보보존위원의 공사보고서에 의하면, 탑을 해체한 뒤에 외진주와 사천주 초석의 부동침하(不同沈下)**를

---

* 호류지 오중탑의 1층 평면은 정면, 측면이 각 3칸인 방형으로 되어 있다. 기둥 배열은 사방의 외곽에 12개, 내부에 4개가 서고, 중앙에 심주가 있다. 외진주는 외곽 둘레의 기둥을 말하며, 내부의 심주 둘레 네 모서리에 세우는 기둥을 사천주라고 한다.

** 건물 하부의 지반이 어떠한 이유로 건물의 부위에 따라 다른 정도로 가라앉는 것을 부동침하라고 한다. 건물이 기우는 대표적인 원인이 된다.

조사한 결과 "절대적인 침하의 수치가 확인되지 않는다."라는 것입니다. 아무리 이 일대의 지반이 튼튼하다고 하더라도 철이나 시멘트도 사용하지 않은 흙의 지반에 그 정도의 무게를 올리고도 1300년이나 부동침하가 일어나지 않았다는 것은 실로 믿기 어려운 일입니다.

나는 생각합니다. 지진이나 태풍 때 중국에서 전래된 판축기단과 일본의 히노키가 서로 간에 강인함과 부드러움으로 잘 화합하여 한몸으로 견뎌내지 않았다면 불가능하지 않았을까? 그것과 관련해 생각나는 것이 있습니다. 최근 오카야마현(岡山縣) 미즈시마(水島)제유소에서 중유저장 탱크의 고탄력 강판이 깨쳐서 기름이 바다로 흘러들어간 사건이 있었습니다. 이 저장 탱크는 현대 일본의 기술력을 집약해 완성한 것이라고 들었습니다. 그것이 완성된 지 1년 정도 만에 부동침하가 생겨 강판이 깨져버린 것입니다. 그로 인해 인근 어민들에게 큰 재앙을 안겨주었습니다.

철이나 시멘트의 현시점에서 측정되는 강도만을 믿고 나무의 생명이 얼마나 긴 것인지 잊어버린 요즘의 신기술을 안타깝게 생각합니다. 미즈시마 탱크 사고는 신기술과 신재료의 맹신에 대한 경고가 아닐까 하고 생각합니다.

호류지를 지탱한 나무

제 2 장

나
무
의

매
력

나무의 평가

앞에서 니시오카는 호류지를 1300년 동안 지탱해 온 나무에 대해 이야기했다. 그 내용을 내 나름대로 정리해 보면 다음과 같다.

첫째, 나무의 매력. 나무는 생명체이다. 나무 한 그루 한 그루에는 개성이 있고 각자 다른 말을 걸어온다. 나무의 특성을 살려 사용하기 위해서는 먼저 나무의 마음을 읽고 나무의 성질을 알 필요가 있다. 그것은 다양한 성격을 가진 사람들과 협력해 하나의 사업을 완성하는 것과 비슷하다. 1000년의 풍설(風雪)을 견디는 건물을 만들기 위해서는 나무의 성질을 짜맞추고, 사람의 마음을 서로 맞추는 것에서 시작해야만 한다.

둘째, 나무는 살아있다. 나무는 베는 순간 제1의 생을 마치지만 건물에 사용되는 순간 제2의 생이 시작된다. 제1의 생은 천 년 넘게 길지만 제2의 생도 그것 못지않게 길다. 내구력 면에서 나무는 철보다 생명이 길다.

셋째, 히노키와 일본인. 나무에는 불가사의한 매력이 있는데, 수종에 따라 산지에 따라 다르다. 인간이 민족마다 지역마다 다른 습속이나 성격을 가지는 것과 비슷하다. 히노키는 일본인의 기질과 가장 잘 어울리는 나무인데, 그것은 오랜 역사 속에서 생겨난 것이다. 아스카의 목수들은 이미 히노키의 마음을 알고 그것을 잘 사용하고 있었다.

넷째, 나무를 구하는데 쏟는 노고. 야쿠시지 재건 때에는 용재를 구하기 위해 멀리 타이완까지 갔다. 타이완의 산속에서 히노키 거목을 올려다봤을 때, 아스카 목수들의 감동과 노고를 알 수 있었다. 좋은 건물을 만드는 핵심은 먼저 좋은 나무를 찾는 것에 있다.

나는 위에서 기술한 항목별로 각각의 장에서 내가 수행한 실험과 조사를 토대로 니시오카의 이야기를 보충해 가고자 한다. 먼저 나무의 매력부터 시작하겠다.

"100년 된 나무는 건물에 사용되었을 때 100년밖에 못가지만, 500년을 산 나무는 500년 간다." "나라에서 자란 나무는 나라에서 사용했을 때 가장 튼튼하다. 기소 히노키는 나라에는 적합하지 않다."라고 니시오카는 말했다. 그 숫자에 대해서는 다소 문제가 있다고 하더라도 이 말에는 소위 과학적이라고는 하지만 통찰력이 결여된 일면을 예리하게 지적해 내는 무언가가 포함되어 있다고 생각한다.

같은 수종의 나무라 할지라도 산지에 따라 나무가 자란 땅의 조건에 따라 재질에 조금씩 차이가 있다는 것은 잘 알고 있다. 예를 들어 세계에는 여섯 종류의 히노키가 있는데 일본의 히노키가 가장 우수하다. 특히 기소의 히노키는 목재로서 최고급으로 평가받고 있다. 그런데 나무의 장점이라 하더라도 차이는 미묘해 시험을 통해 정량적으로 나타낼 수 있을 정도로 차이가 확인되는 경우는 적다. 니시오카는 오랜 경험이나 '감'과 같은 감각적인 판단까지도 포함해서 위에서 말한 것과 같은

호류지를 지탱한 나무

평가를 내렸겠지만, 건물을 사용하는 사람들 역시 동감하고 있다.

그리고 그의 평가에는 나무는 그것이 자란 지역에서 사용되었을 때가 가장 우수하다는 판단도 포함되어 있다고 생각한다. 그 의미를 음식에 빗대어 설명하면 다음과 같다.

초밥은 미국에서도 먹을 수 있다. 게다가 밥 위에 올리는 생선은 크기도 크고 값도 싸다. 그러나 그 맛이 덤덤해 일본에서 먹는 초밥과 같은 감칠맛은 없다. 일본에서 잡히는 생선은 크기는 작아도 맛이 다양해 초밥으로서는 최고라는 게 대체적인 평가이다. 초밥은 역시 일본에서 생겨난 나름의 배경을 가지고 있다. 따라서 일본이라는 풍토 안에서 먹었을 때 가장 맛있다는 것은 당연하다. 그리고 장수를 누리는 것은 섭취하는 음식의 칼로리 양이 아니라 그 땅에서 자란 것을 먹었는지 여부에 의해 좌우된다고도 한다. 그런 이야기에는 어쩐지 납득할 수 있을 것 같다.

같은 이야기를 나무에 대해서도 할 수 있지 않을까? 일본의 히노키는 성장이 느리지만 나뭇결이 치밀하기 때문에 목재로서의 풍격은 매우 높다. 그렇기 때문에 단청을 하지 않은 건축이 생겨난 것이며, 그것은 일본이라는 풍토 안에 있을 때 가장 잘 어울린다. 나아가 기소의 히노키는 기소에서 사용했을 때, 나라의 히노키는 나라에서 사용했을 때 가장 오래가지 않을까 하는 것이다.

내가 그렇게 생각하는 이유는 다음과 같다. 자연이 만들어 낸 것은 아주 오랜 시간 동안 무수한 인자가 복잡하게 얽히다가 마지막에 도달한 미묘한 균형의 산물이다. 나무 역시 천연의 생명체이므로 추운 곳에서 자란 나무는 추위에 강하고, 비가 많은 지역에서 자란 나무는 습기에 강한 것처럼 각각의 환경에 적응한 미묘한 구조를 가지고 있는 것이 분명하다. 그렇다면 당연히 나무를 구성하는 세포 안에도 풍토에 맞는 어떠한 구조가 들어있다고 생각할 수 있다. 지금 일반적으로 행해지고 있는 강도 시험의 데이터는 그러한 복잡한 천연의 성질을 극히 일부밖에 반영하고 있지 않다. 생물 재료에는 계산기로 측정할 수 없는 신비한 것이 있다. 그것을 고려하지 않는 한, 나무에 대한 진정한 평가는 불가능하다. 이렇게 생각하면 니시오카의 직관은 묵직한 무게를 가지게 된다.

우선 분명히 해두기 위해 나무를 다른 재료와 비교했을 때 어떤 특성을 가지는지에 대해 정리해 두고자 한다. 현재 인류가 사용하고 있는 재료 가운데 6대 공업재료라 부르는 것이 목재, 철강, 시멘트, 플라스틱, 구리와 그 합금, 알루미늄과 그 합금이다. 이것들은 플라스틱을 제외하면 모두 지구에서 자원으로 존재하고 있는 것으로 원료를 구하기 쉽고 재료를 만들기도 비교적 용이하다. 이 중 목재는 벌채한 그대로 사용할 수 있는 편리함이 있다.

지구 표면의 70%는 바다이고 육지는 30%이다. 육지의 30%가 삼림으로 덮여있기 때문에 나무는 지구 표면의 약 9%의 육지에서 태양 에너지에 의해 만들어지고 있다. 그 생산량은 50억m^{3}로 추정된다. 현재 지구의 인구는 38억 명이고 소비되는 목재의 양은 25억m^{3}이므로 계산상으로는 생산량이 소비량의 2배가 되지만, 이용되지 못하고 썩어나가는 것이 많기 때문에 실제로 경제적인 측면에서 입수 가능한 원료로 보자면 자원은 매년 감소하고 있는 것이다.

세계적으로 목재 부족이 문제되기 시작한 것은 이미 오래되었다. 그래서 나무를 원목 그대로 사용하지 않고 개량해 신재료를 만들어 그 부족분을 메우려는 시도가 있어 왔다. 그것이 목질재료(木質材料)라고 부르는 것이다. 과거 수십 년 동안 이 기술은 현저히 진보했다. 연이어 신재료가 생겨났다. 그런데 최근에는 한 가지 의문이 들기 시작했다.

호류지를 지탱한 나무

그것은 목재는 자연의 형태 그대로 사용했을 때가 가장 좋고, 손을 가하면 가할수록 본래의 좋은 점이 없어져 가는 것이 아닌가 하는 반성이다. 생각해보면 당연한 것이었을지도 모른다. 분명 나무는 수억 년이나 긴 시간을 사는 동안 조금씩 조금씩 체질을 바꿔가며 자연의 섭리에 맞도록 만들어져 온 산물이다. 그것을 깎고 자르고 붙이거나 하는 것만으로도 더욱 좋아질 것이라고 단순하게 생각한 것 자체가 근대 기술에 대한 과신이었는지도 모른다. 그렇다고 해서 전통적인 방식 그대로는 이 문제를 해결할 수 없다. 나무의 장점을 최대한으로 살리면서 신기술을 응용해 가는 것, 그것이 앞으로의 진정한 과제가 되어야 할 것이다. 그런 입장에서 보면 선조들이 축적해 온 경험 속에서 나무의 장점을 살리는 방식을 배우는 것은 중요한 의미를 갖는다. 온고지신의 지혜가 지금 강력히 요구되고 있다.

나무를 다루면서 절실히 느낀 것은, 나무는 어떠한 용도에도 그대로 사용할 수 있는 편리한 재료이기는 하지만 그렇다고 특별히 우수한 성능을 가진 것은 아닌 평범한 재료라는 점이다. 구조재로서 가볍고 강하지만 강도 면에서는 철강 재료에 훨씬 못 미치고, 열이나 전기의 단열, 절연 재료로서의 특장점은 있지만 각종 플라스틱류는 나무보다 우수하다. 절삭가공은 쉽지만 소성가공 면에서는 휘어서 곡면을 만들 수도 있다는 것 외에 특별한 것이 없다. 산이나 알칼리에 대해서는 안전하지만 균이나 벌레에는 의외로 약하다. 정리해 보면 불에 타고 썩고 변형되는 세 가지 결점 외에는 우선 합격점을 줄 수는 있겠으나 그래봐야 겨우 보통 수준이며 우수한 것은 아니다. 종합적으로 봤을 때 간신히 우수의 아래 정도 된다는 것이 목재에 대한 평가이다.

따라서 한 가지 성능만 보면 다른 대체 재료가 더 좋을 것이다. 그러나 오랫동안 사용해 보면 역시 나무에는 무시하기 어려운 장점이 있다는 것을 알게 된다. 철이나 플라스틱과는 현저하게 대조적인 성격인데, 그렇기 때문에 긴 역사 속에서 가장 널리 사용되고 가장 오래 친숙해져 왔다.

위에서 말한 것처럼 나무는 물리적 시험의 어떠한 평가 항목에서도 최우수는 될 수 없다. 평균해서 3위에서 5위 정도 되는 중간 성적이다. 그래서 우수한 재료라고는 할 수 없다. 즉 종축식 평가법으로 보면 나무의 장점은 잘 드러나지 않았다. 그런데 이번에는 평가방식을 바꿔 각 축의 성적은 중간 정도라 하더라도 횡으로 균형을 갖춘 것에 가점을 주는 횡축식으로 보면 나무는 가장 우수한 재료의 하나가 된다.

면포나 비단도 나무와 마찬가지다. 물리화학 시험을 통해 종축식 평가를 하면 최우수가 될 수 없다. 그러나 섬유로서의 종합적 성질의 측면에서 판단하면 가장 우수한 소재라는 것을 모든 전문가가 피부로 알고 있다. 대체로 생물 재료는 그런 숙명을 가진 듯하다.

이것은 사람에 대한 평가의 어려움과도 상통하는 면이 있다. 두세 가지 시험 과목의 점수만으로 판단하는 것은 위험하다는 의미이다. 생각해보면 생물은 아주 복잡한 구조를 가진 존재이기 때문에 종축으로만 평가하는 것에는 당연히 무리가 있다. 니시오카의 나무에 대한 이야기 중에도 종래의 평가와는 다른 의견이 있었는데 위에서 설명한 것과 같이 생각하면 납득이 간다.

호류지를 지탱한 나무

나무의 구조

다음 장 내용의 이해를 돕기 위해 나무의 구조와 생장 과정에 대해 간단히 설명해 두고자 한다. 사람이 살아가기 위해서 음식을 삼키는 식도, 몸을 지탱하는 골격, 영양분을 운반하는 혈관이 필요한 것처럼 나무 역시 수분이 지나가는 조직, 몸체를 지탱하는 조직, 양분을 운반하는 조직이 없어서는 안 된다. 나무는 당연히 세포로 구성되어 있는데 각각의 세포는 어떤 형태로 그 역할을 분담하고 있을까?

먼저 혈관의 역할에 해당하는 양분의 운반에 대해 살펴보자. 이것은 껍질인 수피(樹皮)와 그 안쪽 목부(木部)의 경계부에 있는 체관부가 담당한다. 이 조직은 잎에서 만들어진 양분을 나무 전체로 운반하는데, 여기서 설명하는 목재에는 포함되지 않는 조직이기 때문에 설명은 생략한다. 다만 수피는 옷처럼 외부로부터 나무의 속을 보호하는 역할을 한다는 것만 언급해 둔다.

다음으로 식도의 역할과 뼈대의 역할인데, 침엽수에서는 가도관(假道管)이라는 세포가 그 두 가지 기능을 모두 하고 있다. 반면 활엽수는 조직이 도관(道管)과 목섬유(木纖維)로 분화되어 있어 각자 별도의 역할을 한다. 침엽수와 활엽수의 재질이 다른 것은 이것 때문이다.

먼저 침엽수부터 설명해 보자. 초봄에 분열해서 만들어지는 가도관의 세포는 벽이 얇고 구멍이 크다. 즉 물이 잘 통하는 형태로 되어 있다. 세포 분열은 여름이 끝날 무렵까지 계속되는데, 그중에서 후반에 생겨나는 세포는 벽이 두껍고 구멍이 작다. 이 세포가 모여서 뼈대 역할을 한다. 이렇게 벽이 얇은 세포의 층과 벽이 두꺼운 세포의 층이 1년에 한 쌍씩 겹쳐지면서 나무는 굵어진다. 이것이 나이테이다. 나이테에 부드러운 춘재(春材)와 딱딱한 추재(秋材)가 있는 것은 위에서 설명한 것과 같은 구조로 되어 있기 때문이다. 그리고 나이테의 폭은 수종보다는 생육 조건에 따라 차이가 있다. 대표적인 우량재인 기소 히노키를 보면, 기소계곡의 혹독한 추위 속에서 노목은 1년에 1mm 정도밖에 굵어지지 않는다. 그래서 재질이 치밀하고 아름답다.

침엽수인 소나무의 주사전자현미경 사진

다음으로 세포의 크기를 보자. 종이를 찢어 찢어진 면을 자세히 들여다보면 보푸라기가 보인다. 종이는 나무의 세포를 반죽해서 만드는데 그 보푸라기 하나하나가 세포이다. 이것으로 세포의 크기에 대해서는 대략 짐작이 갈 것이다.

세포의 모양은 길이가 지름의 50배 정도로 가늘고 길며 속이 비어 있는 주머니이다. 세포벽은 셀룰로오스(cellulose)로 되어 있기 때문에 물은 통과하지 못한다. 줄기 속을 물이 통과하는 것은 세포벽에 많은 구멍이 뚫려 있기 때문이다. 물은 이 구멍을 통해 인접한 세포로 옮겨 가는데, 이런 식으로 순차적으로 뿌리에서 줄기 끝까지 올라간다. 흥미로운 점은 이 구멍마다 밸브가 있다는 것인데, 이에 대해서는 뒤에서 술통을 예로 들어 설명할 것이다.

활엽수는 침엽수보다 진화해 있어 물을 통과시키는 전용 도관과 나무의 몸체를 지탱하는 목섬유가 따로 있다. 도관 세포는 가도관 세포가 지름이 매우 커지고 길이가 짧아진 모양으로 변한 것으로 상단과 하단

호류지를 지탱한 나무

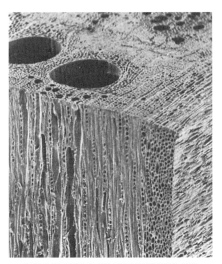

활엽수인 물참나무의 주사전자현미경 사진

의 벽은 없어지고 구멍이 뻥 뚫려 있다. 그리고 벽은 얇다. 파이프를 축소시킨 것과 같은 모양이라고 생각하면 이해하기 쉽다. 이 세포가 뿌리부터 줄기 끝까지 이어진 것이 도관의 조직이므로 줄기 안에 무수히 많은 가는 수도 파이프가 들어 있는 것이 된다.

목섬유는 세포벽이 두껍고 벽의 구멍도 훨씬 작아 흔적 정도로 남아있는 강도를 전담하는 형태로 되어 있다. 봄이 되면 세포는 분열을 시작하는데 이 시기에 만들어진 부분은 다수의 도관이 포함되어 있어 물이 통과하기 쉬운 구조로 되어 있다. 나머지 부분은 목섬유가 치밀하게 차 있어서 줄기를 강하고 견고하게 한다. 이 조합이 나이테인데 전체적으로 목섬유의 비율이 많기 때문에 활엽수는 무겁고 딱딱하다.

위에서 설명한 것은 수직 방향으로 세포가 이어지는 방식에 관한 것인데, 침엽수의 경우는 90% 이상이 가도관 한 종류로 되어 있기 때문에 재질은 균일하고 부드러우며 촉감도 비단과 같은 윤기를 가지고 있다.

활엽수는 목섬유 사이에 도관이 흩어져 있는데 도관의 배열 방식은 수종에 따라 다르다. 크게 분류해 보면 나이테를 따라 배열되는 환공재(環孔材), 전체에 고르게 흩어져 있는 산공재(散孔材), 방사선 형태로 배열되는 방사공재(放射孔材)로 나눌 수 있다. 환공재의 예로는 느티나무, 참나무(ナラ), 들메나무(タモ), 산공재의 예로는 벚나무(サクラ), 단풍나무(カエ

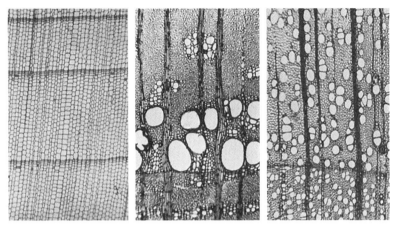

침엽수와 활엽수 구조의 차이(횡단면 현미경 사진). 왼쪽에서부터 히노키(침엽수),
느티나무(활엽수 환공재), 벚나무(활엽수 산공재)

デ), 나왕, 방사공재로는 떡갈나무(カシ)류, 메밀잣밤나무(シイ) 등이 있다.

수종에 따른 도관 배열의 차이는 목재 조각으로 나무의 종류를 식별할 때 유력한 단서가 된다. 목재 조각을 현미경으로 보고 그것이 어떤 종류의 나무인지 확인하기 위해서는 위에서 설명한 것과 반대 순서대로 하면 된다. 예를 들어 나무 단면을 보고 도관이 없으면 침엽수, 도관이 있으면 활엽수이다. 활엽수라는 것이 확인되면 다음은 도관의 배열을 조사해 더욱 세세한 특징을 취합한다. 그런 순서로 나무의 종류를 판별해 간다.

침엽수보다 활엽수가 더 진화된 조직을 가진다고 했는데, 활엽수의 도관 끝부분에 나 있는 구멍을 조사해 보면 101쪽 그림과 같이 다양한 모양이 있다는 것을 알 수 있다. 이것을 보고 있으면 마치 원시 동물에서 고등 동물로 진화해 가는 계통도를 보는 것처럼 흥미롭다.

다음으로 나무가 굵어지는 과정을 보자. 세포를 분열시키는 힘을

호류지를 지탱한 나무

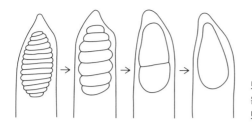

도관 끝부분의 구멍.
왼쪽에서 오른쪽으로 진화했음을
보여주고 있다.

가지고 있는 것은 수피와 목부 사이 경계에 있는 형성층(形成層)이다. 잎에서 만들어진 양분은 체관부를 통해 이곳으로 운반되어 세포를 증식시켜 나간다. 그때 형성층의 바깥쪽에서는 수피 세포가, 안쪽에서는 목부 세포가 만들어진다. 즉 형성층은 스스로 만들어낸 안쪽의 목부에 의해 밖으로 계속 밀려나면서 바깥쪽에도 수피 세포를 증식시키며 생장을 이어간다. 이런 과정은 소나무를 보면 잘 알 수 있다. 노송일수록 껍질은 두꺼워지고 거북의 등 모양으로 갈라져 있다. 그것은 안쪽의 목부가 굵어지면 이전의 껍질 그대로는 너무 작아 감당할 수 없게 되어 터진 것이다. 그것이 껍질의 갈라짐으로 나타나는 것이다.

이처럼 줄기는 나이테의 층을 한 겹씩 바깥으로 늘여가면서 굵어진다. 그러면서 가지는 당연히 그 속으로 말려들어가게 된다. 그것이 옹이이다. 나무가 자라면서 아래쪽 가지는 올라가게 되는데, 이것은 이전에 붙어있던 아래쪽 가지가 바람 등에 의해 부러져 굵어지는 줄기의 목부 속으로 말려들어가기 때문에 보기에는 마치 가지가 위로 올라가는 것처럼 보이는 것이다. 한 번 나온 가지는 굵어지기는 해도 위치는 변하지 않는다.

위에서 설명한 것처럼 줄기는 여러 겹의 구조로 되어 있다. 그래서 줄기를 수심과 평행하게 즉 둥근 단면의 접선방향으로 켜면 판의 표면에 죽순 모양의 결이 나타난다. 노목이 되면 나이테 폭이 좁아지고 줄기의 단면도 완전히 동그란 모양이 되지 않는다. 이런 나무를 판재로 켜면 표면에 야쿠 삼나무(屋久杉)*와 같이 복잡한 모양의 결이 나타난다.

그런데 형성층에서 분열된 세포는 바로 죽어 버린다. 그리고 셀룰로오스 주머니로 이루어진 세포들은 리그닌(lignin) 층으로 단단히 접착된다. 이것이 목재이다. 약품으로 리그닌만 녹이면 셀룰로오스 주머니들은 낱낱이 해체된다. 이것이 펄프이다. 침엽수는 세포가 길고 리그닌층이 두껍다. 활엽수는 그 반대이다. 그래서 펄프를 만들 때 침엽수는 처리하는데 시간은 걸리지만 세포가 길기 때문에 양질의 펄프를 만들 수 있다. 그것은 위에서 설명한 것과 같은 이유 때문이다(정확히 말하면 셀룰로오스 주머니 안에도 소량의 리그닌이 들어있다).

이번에는 나무에 가벼운 것과 무거운 것이 있는 이유를 보자. 나무는 셀룰로오스 주머니들이 리그닌으로 붙어있는 덩어리라는 것은 앞에서 설명했다. 침엽수와 활엽수는 그것을 구성하는 셀룰로오스 주머니의 모양이 다른데, 원칙적으로 보면 이런 차이는 모든 나무에서도 마찬가지라고 할 수 있다. 그런데 주머니 벽의 두께는 수종에 따라 차이가 있다. 벽이 얇은 주머니가 결합된 나무는 가볍고, 두꺼운 벽의 주머니가 결합된 나무는 무겁다. 반대로 말하면 나무 안에 포함된 공기량의 많고 적

---

* 규슈 가고시마현(鹿兒島縣)의 섬 야쿠시마(屋久島)의 해발 500m 이상 산지에 자생하는 삼나무이다. 좁은 의미에서는 그중에서도 수령 1000년 이상의 나무를 야쿠 삼나무라고 부르기도 한다. 보통 삼나무의 수명은 500년 정도인데 야쿠시마에는 2000년을 넘은 거목이 많고 7000년 이상 된 것도 있다. 영양분이 적은 화강암 지대에서 자라기 때문에 성장이 느리고 나이테가 치밀하며, 기후가 고온다습하여 수지 성분이 많아 잘 썩지 않는다고 한다.

호류지를 지탱한 나무

음에 따라 가벼운 나무와 무거운 나무의 차이가 생기는 것이다.

　공극 부분을 없앤 셀룰로오스 덩어리는 비중이 약 1.5가 되기 때문에 물에 가라앉는다. 그런데도 많은 나무가 물에 가라앉지 않는 것은 세포가 물에 뜨는 주머니 구조로 되어 있기 때문이다. 세계에서 가장 가벼운 나무는 발사(balsa)로 비중이 0.1이고, 가장 무거운 나무는 리그넘바이티(lignumvitae)로 비중이 1.3이다. 이것은 당연히 물에 가라앉는다. 모든 나무의 비중은 이 사이의 어딘가에 있다. 일본의 오동나무는 비중이 0.3이다. 히노키나 삼나무와 같은 침엽수는 0.4~0.5 정도이다. 너도밤나무나 떡갈나무 같은 활엽수는 0.5~0.6 정도이다.

　그런데 나무의 강도는 무게에 비례한다. 가벼운 나무는 약하고 무거운 나무는 강하다. 왜냐하면 셀룰로오스 주머니 벽의 양이 많을수록 강도가 커지기 때문이다. 이것은 다음과 같이 생각하면 좀 더 이해하기 쉬울 것이다. 빵을 구우면 부풀어올라 크게 되는 빵도 있고 작고 딱딱하게 되는 빵도 있다. 그러나 빵을 으깨면 두 빵 모두 가루로 된다. 부풀어오른 빵이 발사나 오동나무이고, 딱딱한 빵이 너도밤나무나 떡갈나무에 해당한다.

　다음은 수분에 대해 이야기해 보자. 나무의 재질을 생각할 때 가장 밀접한 관련이 있는 것이 수분이다. 셀룰로오스는 물 분자와 강하게 결합하는 성질을 가지고 있다. 그래서 완전히 건조해 함수율을 0으로 하는 것은 실험실 안에서나 가능한 일이며, 보통의 대기에서 나무는 그 무게의 15% 정도 되는 양의 수분을 포함하고 있다. 다만 주위가 건조해지면 수분은 감소하고 습해지면 증가한다. 실제로 건물에 사용된 나무는 보통 12~20% 범위의 수분을 가진다고 생각하면 된다.

　나무는 수분을 흡수하면 팽창하고 수분을 방출하면 수축한다. 이것은 세포벽 안에 물 분자가 들어가거나 나가거나 하기 때문이다. 팽창, 수축하는 정도는 방향에 따라 크게 차이가 난다. 비율로 보면 종방향을 1로 했을 때 횡방향의 방사단면 방향으로는 10, 접선단면 방향으로는 20이다. 즉 종방향의 치수는 거의 변하지 않는데 횡방향으로는 크게 신축하는 것이다. 이 방향에 따른 차이로 인해 목제품의 형태가 일그러지게 된다. 그래서 나무를 짜맞출 때에는 그 성질을 읽어 변형을 잘 예측하면서 해야 한다. 나무가 셀룰로오스로 되어 있는 한, 흡습성은 본질적인 것이므로 변형 또한 피할 수 없다. 흡습성을 없앴을 때 나무는 이미 나무가 아닌 것이 되어버리고 만다.

이제 건조에 대해 살펴보자. 생나무는 다량의 물을 함유하고 있어서 제재하면 마르게 된다. 마르면 수축한다. 수축하는 정도가 일정하지 않기 때문에 갈라진다. 이것이 건조 과정이다. 말린 나무가 습기를 먹으면 반대로 된다. 이것은 옛날부터 나무를 다루는 사람들이 끊임없이 싸워왔던 과제였다. 얇은 판은 그래도 괜찮은 편인데, 굵은 통나무를 건조하는 것은 보통 일이 아니다. 왜냐하면 나무는 표면부터 마르기 때문에 건조한 표층만 수축하려고 한다. 그러나 안쪽에는 아직 수분이 남아있어서 표층이 안쪽으로 수축하는 것을 방해한다. 그래서 표면에만 양쪽에서 서로 당기는 힘이 생겨나 결국 갈라지게 된다.

기타야마(北山)의 미가키 마루타(磨丸太)*는 세와리(背割り)라 하여 용재의 한쪽 면을 미리 쪼개 놓는데,** 이것은 표면이 갈라지는 것을 방지하기 위한 방법이다. 조각도 마찬가지이다. 헤이안시대 초기에는 하나의 통나무를 깎아 불상을 만들었는데 그 속을 들여다보면 비어있다. 이것 역시 갈라지는 것을 방지하기 위한 대책이었다.

옛날에는 건물에 사용하는 용재를 운송하는 데 시간이 걸렸기 때문에 판재의 경우 그동안에 건조될 수 있었다. 그러나 기둥은 좀처럼 마르지 않기 때문에 건물에 사용된 뒤에 갈라지기 시작한다. 이에 대한 대책으로 물에 담가 건조시키는 방법을 고안해 냈다. 생나무를 물에 담가두면 수액이 빠져나가고 그 자리는 물로 채워진다. 물은 건조가 빠르기 때문에 갈라짐도 적다. 니시오카가 용재를 물에 담가 건조했다는 것이 바로 이것이다.

침엽수와 활엽수

앞에서 나는 나무의 줄기는 물을 잘 통과시키는 구조로 되어 있으며 활엽수에는 도관이라는 다수의 파이프가 있다고 했다. 그것의 증거로 들메나무 등은 단면에 입을 대고 담배 연기를 뿜으면 반대쪽으로 연기가 나온다. 동남아시아에서 나는 아피통(apitong)이라는 수종의 통나무 마구리 면을 파내어 그릇을 만들면 물이 줄줄 새버린다. 당연히 그렇게 된

---

* 기타야마(北山)라고 부르는 교토분지 북쪽 일대의 산에서 민간이 생산하는 특수한 삼나무 용재로, 무로마치시대부터 기타야마 미가키 마루타(北山磨丸太)라는 이름으로 알려졌다. 이 삼나무는 우량목의 가지를 꺾꽂이해 묘목을 키운 다음 산에 옮겨 심어 키우는데, 자라면서 아래쪽의 가지를 잘라 옹이가 없는 양질의 용재를 생산한다. 벌채한 나무는 껍질을 벗겨 건조시킨 다음 표면을 갈아 매끈하게 광택을 내기 때문에 미가키 마루타(磨丸太)라고 한다.

** 이렇게 용재의 한쪽 면에 세와리를 만들어 두면 건조 수축에 의한 표면의 갈라짐은 이곳에 집중되기 때문에 나머지 표면은 갈라지지 않는다. 이 용재를 다듬어 건축물에 사용할 때는 세와리가 있는 면이 다른 부재나 부위와 맞닿게 하여 겉으로 보이지 않도록 고려해서 쓴다.

다. 여기서 다음과 같은 의문을 갖는 이도 있을 것이다. 일본의 전통주 사케는 삼나무통에서 양조한다. 또 위스키는 참나무통에 담아 오랜 기간 숙성시킨다고 하는데, 만약 내가 말한 것과 같다면 술이 새서 통이 비어버리지 않겠는가. 수조도 물이 새서 쓸 수 없게 될 것이다. 나무가 땅에서 자라고 있는 동안에는 뿌리에서 줄기 끝까지 물이 통하는데, 나무를 자른 뒤에는 물이 통하지 않게 된다는 것은 아주 이해하기 어려운 이야기가 아닌가 하는 의문이 든다. 거기에는 다음과 같은 비밀이 있다.

삼나무 가도관 벽 구멍의 전자현미경 사진. 사진에는 벽 구멍의 약 1/4이 나와 있다. 오른쪽 아래의 원형 뚜껑은 가는 실로 주변 조직에 매달려 있다. 물은 이곳을 통과하는데, 뚜껑이 안쪽의 구멍을 막으면 물은 통하지 않게 된다. 즉 이 뚜껑이 밸브 역할을 한다.

　침엽수의 가도관 벽에 많은 구멍이 있다는 것은 앞에서 설명했다. 이 구멍 하나하나에는 밸브가 있는데 물을 통과시킬 필요가 없어지면 밸브는 잠겨버린다. 그래서 삼나무통의 술이 새지 않는 것이다. 이러한 메커니즘은 활엽수도 마찬가지다. 물을 통하게 하기 위해 생겨난 도관이지만 그 기능이 없어지면 나무가 살아있는 동안에 분비물로 막혀버리고 만다. 이것이 닫히는 사실은 술통 재료로서의 적합도를 판단하는 기준이 된다. 위스키는 술통의 두꺼운 나무를 통해 극히 미량의 공기 호흡이 필요하다. 그러한 조건에서 저장되어있는 동안에 그 독특하고 부드러운 술맛이 생겨난다. 이 호흡의 정도가 관건이기 때문에 술통 용재로

호류지를 지탱한 나무

백참나무(white oak)는 쓸 수 있지만 적참나무(red oak)는 쓸 수 없다. 공기 호흡이 너무 잘 돼 술이 새버리기 때문이다.

근래 인쇄기술이 발달하면서 눈으로 봐서는 원목과 전혀 구분이 안 될 정도로 정교한 화장판(化粧板)이 나오고 있지만, 그래도 원목과 인쇄한 나무 무늬가 어딘가 다르게 보이는 것은 원목에는 이러한 조화의 신이 만들어낸 미묘한 메커니즘이 들어있기 때문이다. 나무는 역시 살아 있는 것이다.

나무가 물을 빨아들이는 곳은 뿌리이다. 따라서 뿌리는 나무의 심장이라고 할 수 있다. 그런데 우리는 땅 위로 보이는 부분만을 나무라고 생각한다. 줄기 아래의 컴컴한 땅속에 숨겨진 뿌리를 보지 않으면 나무의 장점은 알 수 없다. 뿌리가 좋은지 나쁜지는 흙에 의해 결정된다. 나무는 흙을 먹고 살기 때문이다. 그래서 니시오카는 흙을 보라고 했다. 아스카의 장인들은 먼저 흙을 보고 뿌리를 통해 빨아올리는 물의 소리를 알아들으려는 마음가짐으로 좋은 나무를 골랐을 것이다.

한 가지 더 보충 설명을 해 두고자 한다. 앞에서 나는 활엽수는 침엽수보다 진화한 나무라고 했다. 보통 진화라고 하면 일반적으로는 좋은 방향으로 진행할 것이라고 생각하지만 꼭 그렇지 않은 경우도 있다. 그것을 나무를 통해 살펴보자.

나무 중에서 가장 원시적인 것이 소철이고, 다음은 은행나무이다. 이들은 모두 숫나무와 암나무가 있다. 지구상에 이것 다음에 침엽수인 히노키와 삼나무가 출현했고, 다시 한참 뒤에 활엽수가 나타났다. 그런데 활엽수도 초기 단계에서는 참나무나 너도밤나무와 같은 수종이었다. 그러나 진화가 진행되면서 점차 왜소해졌고 결국 정원수와 같은 작은 나무가 되었다. 이것이 나무의 진화 과정이라고 한다.

여기서 주목되는 것은 아주 원시적인 것도 너무 진화한 것도 모두 실제로는 그다지 쓸데가 없다는 점이다. 오히려 진화 초기 단계의 침엽수나 그것에 가까운 일부 활엽수가 더 실용재로서 쓸모가 있다.

이것은 시사하는 바가 크다. 역사를 돌아보면 어떤 민족이 융성하거나 어느 일족이 세상에 두각을 나타낼 때는 오히려 힘에 충실한 원시에 가까운 초기 단계였다. 정점에 이르면 곧 쇠퇴의 길을 걷기 시작한다. 생각해보면 크다고 해서 좋은 것이 아니며 풍부하다고 해서 반드시 행복을 의미하지는 않는다. 번영의 길은 사실 쇠퇴의 길로 이어져 있을지도 모를 일이다.

생명체에게는 조금 부족한 정도가 딱 좋다. 풍족해서 아무것도 하지 않고 태평하게 있어도 될 것 같을 때 타락한다는 말이 있는데, 현미경을 들여다보면 나무는 그 교훈을 우리에게 가르쳐 주고 있는 것 같다.

이상재

나무에는 의지가 없기 때문에 자라는 모습을 보고 있으면 생물사회의 한 측면을 그대로 정직하게 드러내고 있는 것이 많다. 그 두세 가지 예를 살펴보자.

삼나무는 밀집해서 키우면 얼마 안 가서 생존경쟁이 시작되는데, 그중에 조금이라도 높이 자라는 나무가 나타나면 가지가 옆으로 뻗어 이웃 나무에 햇빛이 잘 들지 않게 된다. 햇빛의 양이 줄어들면 성장은 둔해지기 때문에 경쟁 조건이 불리해지고 마침내 경쟁에서 낙오해 소위 피압목(被壓木)*이 되어버린다. 경쟁에서 이긴 나무는 더욱 뻗어 오르지

호류지를 지탱한 나무

만 그래도 밀집한 상태에 있기 때문에 밑둥치 쪽은 햇빛이 들지 않는다. 그래서 아래쪽 가지는 말라 떨어지고 줄기는 옹이가 없고 위와 아래의 굵기가 같은 재목이 된다. 즉 동형동질의 나무만 키우는 것이 되기 때문에 전신주 용재 등으로 사용하기 위해서는 이 방법이 좋다.

한편 마당 가운데 한 그루만 심은 나무는 햇빛이 나무 전체에 잘 들기 때문에 줄기는 밑둥치가 굵고 위 끝이 가는 원추형으로 자란다. 아래쪽의 가지가 말라 떨어지지 않기 때문에 옹이도 많다. 이런 나무는 모양도 재질도 각양각색이기 때문에 용재로 사용하기 어렵지만, 개성 있는 판재를 얻을 수 있기 때문에 용도에 따라 사용되는 길이 있다. 생각해보면 이것은 교육과 비슷하다. 밀식은 학교 교육에 해당하며 홀로 자라는 나무는 개인 교육에 해당한다. 니시오카는 나무의 개성을 읽으라고 했는데 그것은 바로 이러한 점을 지적하고 있다고 보아도 좋을 것이다.

나무를 키우는 데는 어느 정도의 보호는 필요하지만 그것도 정도가 지나치면 폐해가 생긴다. 자연에서 자라는 숲을 보면 어느 한 종류의 나무만 독점해 버리는 일은 결코 없다. 다양한 나무가 섞여서 하나의 숲을 만들고 있다.

인공림은 풀이나 잡목을 베어 주면서 관리한다. 조림지에 나무를 밀식해 키우면 햇빛이 들지 않아 밑에서는 풀이 자랄 수 없다. 또 풀이 자란다 하더라도 양분을 빼앗기지 않고 조림의 효율을 좋게 하기 위해 베어버린다. 과보호가 결국은 폐해가 되어 돌아오게 된다.

예를 들어 히노키 조림지의 경우 낙엽이 지면 잎은 비늘처럼 작게 분해되기 때문에 비가 오면 물에 쓸려가 버린다. 자연림에서는 밑에서

---

* 숲에서 다른 나무의 가지에 의해 완전히 그늘이 진 곳에서 자라는 열세한 나무

나무의 이상재
(굽은 밑둥치 부분)

자라고 있는 잡목의 낙엽이 그대로 썩어서 결국 다시 나무의 영양분으로 흡수되지만, 밑에 나무가 없기 때문에 비가 올 때마다 쓸려나가 지표는 항상 흙이 노출되어 있다. 즉 눈앞의 이해타산만 쫓아 잡목이나 풀을 베어버리는 과보호는 결국 나무를 위하는 것이 아니며 산의 파괴로 이어진다는 우려가 나타나기 시작했다.

'보호하면 약해진다'는 것은 생물학의 원칙이다. 생각해보면 옛날에는 과보호를 하려고 해도 할 수 없었지만 지금은 무엇이든 가능하다. 그러나 단지 소중하게 돌보는 것만이 진정한 행복으로 이어지는 것은 아니다. 그것을 나무는 묵묵히 가르쳐 주고 있는 듯하다.

호류지를 지탱한 나무

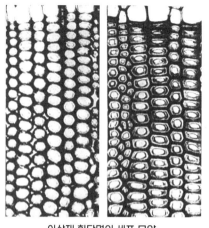

이상재 횡단면의 세포 모양.
왼쪽이 이상재, 오른쪽이 보통재이다.
이상재의 세포는 원형이고 벽이 두껍다.

작물에 혐지(嫌地)*라는 것이 있다. 이것 역시 시사하는 점이 많다. 같은 밭에서 가지를 연작하면 병에 걸리지만 2, 3년마다 다른 작물을 재배하면 병을 예방할 수 있다. '새 술은 새 부대에'와 같은 교훈이다. 화초도 계통을 보존하기 위해 자화수분(自花受粉)**을 반복해 가면 점점 약해져서 종국에는 종의 멸망에까지 이르게 된다고 한다. 종이 발전하는 원동력은 타화수분(他花受粉)에 있다고 하는데 이것 역시 매우 흥미로운 이야기이다.

이번에는 이상재(異常材) 이야기를 해보자. 경사면에서 자라는 나무를 보면 지면에서부터 바로 연직방향으로 자라지 않는다. 뿌리에서 일단 경사면에 대략 직각으로 나온 다음 하늘을 향해 연직으로 뻗어오른다. 그래서 밑둥치 부분은 활처럼 휘어 있다. 이 부분의 횡단면을 보면 경사면 아래쪽 절반은 나이테 폭이 넓고 반대쪽 절반은 나이테 폭이 좁다. 즉 수심은 경사면 위쪽으로 치우쳐 있고 아래쪽으로 많이 성장해 있

---

* 매해 같은 작물만 심어 작물의 생육이 나빠지고 장해가 생기는 현상으로, 연작장해(連作障害)라고도 한다.

** 자기 꽃의 꽃가루가 암술의 머리에 붙어 수분하는 것을 말하며, 동화수분(同花受粉)이라고도 한다. 대부분의 꽃은 형태적, 생리적으로 자화수분을 피하고 있다. 반대로 다른 꽃 사이에 일어나는 수분을 타화수분(他花受粉)이라고 한다.

는 것이다.

일반적으로 이상재라 부르는 이 아래쪽의 넓은 나이테 부분의 세포는 딱딱하고 강하다. 가공이 어렵고 변형이 심하기 때문에 용재로서는 꺼리게 된다. 이상재가 생기는 이유는 다음과 같다.

철근콘크리트 보를 만들 때 압축에 강한 콘크리트는 위쪽에, 인장에 강한 철근은 아래쪽에 배치하는데, 이상재는 줄기 중에서 이 콘크리트의 역할을 하며 힘의 균형을 이루고 있다. 이상재는 나무를 사용하는 사람의 입장에서 보면 성가신 것이지만 나무의 입장에서는 생존하는 데 없어서는 안 되는 구조이다. 왜냐하면 나무를 지탱하기 위해 항상 하중을 받으며 견디고 있는 부분이기 때문이다.*

위에서 설명한 것은 침엽수에 대한 이야기이다. 그런데 같은 나무라도 활엽수의 경우는 적응하는 방식이 다르다. 예를 들어 가지에 대해서 말해보면 가지는 아래쪽에 압축력이 작용하지만 활엽수의 경우에는 가지 위쪽에 인장력에 강한 젤라틴질의 세포 조직이 생겨나 굵어지면서 외력에 대응하는 구조로 되어 있다. 이처럼 외부로부터 자극을 받으면 바로 그것에 적응하는 조직을 형성해 간다는 것은 바로 나무가 살아있음을 실감케 한다.

위에서 이상재가 생기는 대표적인 경우의 이유를 설명했다. 실제로 나무는 여러 가지 원인으로 기울거나 휘거나 하는 경우가 많다. 그로 인

---

* 일본의 학계와 목재 관련 분야에서 이상재에 대해 몇 가지 정의가 있는 듯하다. 이와 관련하여 저자(고하라 지로)는 원서에서 다음과 같은 보충설명을 달았다. 목재조직학에서 말하는 이상재는 현미경으로 볼 때 세포의 형태에 이상이 생긴 부분을 말하지만, 여기서는 목수나 목공이 실용적인 입장에서 말하는 절단했을 때 변형이 생기는 나무라는 의미로 설명했다.

호류지를 지탱한 나무

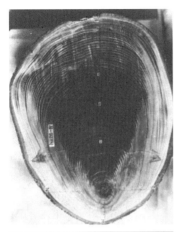

해 줄기에 가해지는 하중은 줄기의 중심선을 기준으로 대칭으로 작용하지 않는다. 이 경우 압축력이 가해지는 쪽에 이상재가 생겨 나무의 변형을 보정하는 것이다. 따라서 보통의 나무 안에도 부분적으로 이상재가 포함되어 있는 경우가 종종 있다. 니시오카가 말한 이상재는 이 부분에 해당한다.

그런데 일본말로 '아테(あて)'라고 부르는 이 이상재는 단순히 나무에만 적용되는 말이 아닌 듯하다. 민속학자 야나기다 구니오(柳田國男, 1875~1962)는 자신의 책에서 "목수는 아테를 나무에서 햇빛이 닿지 않는 면으로 생장이 나쁘고 목질이 곧지 않고 변형이 잘 생기는 부분이라고 한다. 이 마을에서는 작물의 생육에 적합하지 않은 메마른 땅을 아테라고 하며, 저 밭은 아테라서 안 된다라는 식으로 말한다."라고 했다. 그 뒤 여러 지역을 조사한 결과 아테라고 부르는 지명은 산의 그림자 때문에 햇빛을 충분히 받지 못하는 땅을 가리킨다는 것을 알게 되었으며, 이것은 아마도 나무의 아테에서 나온 말일 것이라고 했다. 흥미로운 이야기라서 적어보았다.

이상재와 그것의 변형에 의한 갈라짐

나무 강도의 비밀

나는 지금까지 '나무와 같은 원시적인 소재'라는 말을 종종 사용했다. 그러나 나무를 자세히 관찰하면서 그렇게 말하는 것이 매우 오만한 태도라는 것을 알게 되었다. 강도를 예로 들어 설명해 보자.

가볍고 튼튼한 재료 가운데 대표적인 것이 대나무인데 구조가 아주 미묘하다. 짧은 시간에 그 정도로 성장하지 않으면 안 되지만 세포의 양에는 한계가 있다. 나무의 줄기와 같이 가운데가 차 있는 가는 봉 형태로는 전체를 든든하게 지탱하는 것이 불가능하다. 가운데가 비어있는 파이프 모양이라면 같은 세포 양으로도 지름이 커지기 때문에 강성을 훨씬 높일 수 있다. 그런데 단순한 파이프 모양으로는 좌굴*이 발생해 파이프가 찌그러져 버린다. 그래서 그걸 방지하기 위해 마디가 생겼다. 마디의 간격은 대나무의 종류에 따라 찌그러지지 않을 정도로 치수가 정해져 있다. 또 대나무 줄기의 구조는 부드러운 유조직(柔組織)과 강한 유관다발(維管束)로 되어 있는데 양으로 보면 약 60%를 차지하는 유관다발은 표피 근처에 많고 안쪽에는 적게 분포해 있다. 즉 줄기의 단면으로 보면 바깥쪽으로 갈수록 강하기 때문에 이 파이프 모양의 구조는 한층 효과적으로 외력에 대응할 수 있다. 대나무가 가벼우면서도 강한 이유가 여기에 있다. 사람의 뼈 역시 마찬가지다. 안쪽은 비어있지만 바깥쪽은 단단하기 때문에 가벼우면서도 든든하다. 속이 차 있으면 무겁고 부러지기 쉽다.

---

* 대나무처럼 가늘고 긴 부재에 길이 방향으로 압축력이 가해질 때 어느 단계에 이르러 갑자기 부재가 휘어버리는 현상

호류지를 지탱한 나무

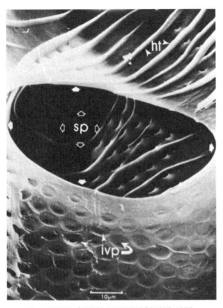

세포 안쪽을 촬영한 주사전자현미경 사진

그런데 목재의 세포는 앞에서도 말한 것처럼 가늘고 긴 셀룰로오스 주머니이다. 이 주머니는 아주 작지만 모양은 대나무 줄기와 같다. 게다가 양 끝은 뾰족하게 가늘어지기 때문에 파이프가 찌그러지는 일은 없다. 이 부분은 대나무의 마디와 같은 효과를 가지고 있다. 이러한 세포가 조합되고 그것을 리그닌으로 고정한 것이 나무이기 때문에 나무를 확대해서 보면 대나무를 묶은 다발보다 더욱 튼튼한 구조가 되는 것이다.

좀 더 자세하게 세포를 들여다보면 더 놀라운 것이 있다. 세포의 주머니는 틀에서 찍어낸 것처럼 단순하지 않다. 세포가 분열해서 죽을 때까지 원형질이 활동해 만들어 낸 것이 세포이기 때문에 세포벽에는 살아있을 때의 흔적이 남아있다. 그것은 누에가 입에서 실을 토해내면서 그 안에 자신이 들어가 고치를 만들어내는 것과 비슷하다. 얽혀 있는 고치의 실이 누에가 일한 흔적을 나타내는 것인데 세포벽에도 생명의 활동이 새겨져 있다.

전자현미경으로 세포벽의 구조를 보면 벽은 여러 개의 얇은 층이 겹쳐 있는데, 각각의 층은 그것을 구성하고 있는 조직의 방향이 일정한 각도로 바뀌면서 겹쳐 있는 것을 볼 수 있다. 각 층을 구성하는 실 모양의 단위는 셀룰로오스 분자가 결합된 것이다. 세포벽의 구조를 좀 더 이

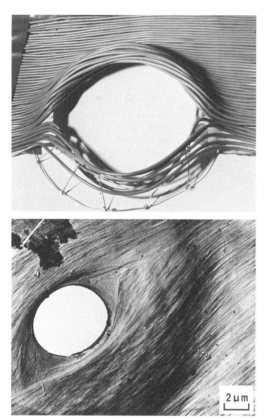

세포벽 구멍의 구조.
위 사진은 모형으로 이마무라
유지(今村祐嗣)가 제작

2㎛

해하기 쉽게 설명하면 다음과 같다. 굵은 실을 옆으로 나란히 늘여놓고 접착제로 붙여 약간 두꺼운 천을 만든다. 다음에 가는 봉에 천을 비스듬하게 한 겹 감는다. 그 위에 접착제를 바르고 실의 각도를 바꿔 천을 다시 한 겹 감는다. 이런 식으로 천을 몇 겹 감은 다음 가운데 봉을 빼내면 주머니가 남는다. 이것이 세포라고 생각하면 된다. 단 이 주머니는 물이 통과하지 않기 때문에 벽 곳곳에 구멍이 뚫려 있다. 그 구멍도 그냥 뚫려 있는 것이 아니라 구멍 둘레를 따라 원형으로 실이 배열되어 강화되고,

호류지를 지탱한 나무

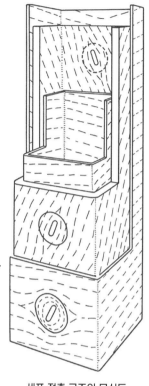

세포 적층 구조의 모식도.
H. P. 브라운

중앙에 남은 구멍에 물의 통과를 조절하는 밸브가 붙어있는 것이다. 이것에 대해서는 앞서 술통을 예로 들어 설명했다.

그런데 내가 설명하고자 했던 것은 세포는 미묘한 적층 구조로 되어 있다는 점이다. 우리가 나무로 구조물을 만들 때 한 장의 판재로 만들면 나뭇결에 따라 방향성이 있기 때문에 약하다. 판을 얇게 켜서 섬유 방향을 바꿔가며 겹쳐 합판을 만들어 사용하면 훨씬 강하게 된다는 것을 알고 있다. 그런데 세포벽은 아주 작은 주머니이지만 최근에는 전자현미경이나 주사형 전자현미경으로 그 신비한 구조를 볼 수 있게 되었다. 세포 안쪽에서 찍은 확대 사진을 보면 파리의 하수도 터널 내부를 연상시킬 정도로 멋진 아치형 구조로 되어 있다. 그야말로 조화의 신이 만들어 낸 신비로움에 감탄할 뿐이다.

지금까지 하나의 세포를 대상으로 그 구조의 합리성에 대해 설명했다. 시야를 넓혀 전체의 조직이라는 측면에서 보면 더욱 놀랍다. 낙엽 관목의 일종으로 오니시바리(おにしばり)라는 나무가 있다. 이 나무로 묶으면 오니(おに) 즉 귀신도 풀고 나올 수 없다고 해서 붙은 이름인데 실험에 의하면 어린나무는 몇 번을 반복해서 휘어도 부러지지 않고 단면도 찌그러지지 않는다고 한다. 줄기의 단면은 118쪽의 그림과 같다. 딱딱한

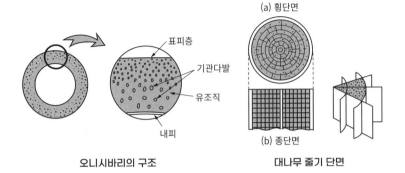

(a) 횡단면

표피층

기관다발

유조직

내피

오니시바리의 구조

(b) 종단면

대나무 줄기 단면

틀 안에 부드러운 조직이 들어 있어서 말하자면 복합재료의 효과를 발휘하기 때문이다.

목재 역시 이러한 구조로 되어 있다. 히노키에 대해 오가마 토시마사(大釜敏正)가 실험한 결과를 보자. 횡단면을 보면 하나의 나이테에는 춘재와 추재 그리고 그것과 직각 방향의 방사조직이 있는데, 이것을 간략하게 그림으로 표현하면 119쪽의 그림과 같다. 춘재, 추재, 방사조직의 면적 비는 약 9:0.5:0.5이다. 그런데 이들 각 부분의 인장탄성계수*를 각각 따로 측정해 보면, 그 비율은 약 5:7:10이었다. 한편 이러한 형태로 조합된 전체를 복합재료라는 측면에서 측정해 보면 강도는 약 3배가 되었다. 즉 부드럽고 약한 춘재에 추재와 방사조직을 아주 약간 더한 것만으로 전체 강도가 3배나 올라간다는 것이다. 나무가 나이테 구조를 하고 있다는 것은 사실 이러한 복합재료로서 효과를 발휘할 수 있게 하는 데 큰 영향을 미친다.

---

* 어떠한 재료가 인장력 즉 양쪽에서 당기는 힘에 의한 변형에 저항하는 강성의 정도를 나타내는 값

호류지를 지탱한 나무

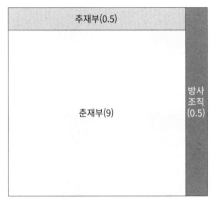

목재조직의 구성

추재부(0.5)

방사조직(0.5)

춘재부(9)

일반적으로 사용되는 재료 중에서 가장 강한 것은 철강이지만, 단위 중량당 강도를 비교해 보면 나무쪽이 더 강한 것이 있다. 특히 좌굴에 대해서는 현저한 우수성을 보인다. 위에서 설명한 것과 같은 구조를 가지고 있기 때문이다.

나무의 불가사의한 예를 한 가지 더 들어보자. 나무가 살아있다는 증거로 앞에서는 이상재에 대해 설명했다. 이상재는 변형이 심하기 때문에 사용자 입장에서는 성가시지만 나무의 입장에서 보면 살아가는 데 없어서는 안 되는 조직이라고 했다. 그런데 이상재의 의미를 다음과 같이 생각하면 또 다른 흥미로운 점이 있다. 건축에서는 구조용으로 프리스트레스트 콘크리트(prestressed concrete)**라는 것을 사용한다. 이것은 철

** 보를 사례로 들어 설명하면 다음과 같다. 일반적으로 구조물에 설치된 보는 하중에 의해 밑으로 처지게 되는데, 이것을 힘의 원리로 보면 보의 하부에는 좌우로 당기는 인장력이, 상부에는 반대로 좌우에서 중앙을 향해 미는 압축력이 작용했기 때문이다. 그래서 철근콘크리트로 만든 보에는 하부에 인장력에 강한 철근을 배근하게 된다. 프리스트레스트 콘크리트는 이 철근에 미리 인장력을 가한 상태로 콘크리트 속에 매설하는 것인데, 이렇게 하면 당겨진 철근에 원래 상태로 되돌아가려는 응력이 발생하게 되고, 이 응력으로 인해 보 하부에 미리 압축력이 가해지는 효과가 생긴다. 이 상태의 보를 구조물에 설치하면 하중에 의해 보의 하부에 발생하는 인장력과 미리 형성되어 있는 압축력이 서로 상쇄작용을 일으키게 되며 어느 단계에 이르러 두 힘의 합이 0이 되며, 그 이후로는 일반적인 철근콘크리트 보처럼 하중에 대응한다. 이런 원리로 같은 크기의 보로 더 큰 하중에 견딜 수 있게 된다.

근에 미리 반대 방향의 힘을 가한 상태로 콘크리트에 매설한 것이다. 이렇게 만든 콘크리트판을 건물에 설치해 하중이 가해지면 미리 철근에 가해져 있던 힘은 점차 상쇄되어 0이 되고 그때부터 보통의 콘크리트판과 같이 하중에 대응하기 때문에 훨씬 큰 하중을 견딜 수 있다. 자동차의 앞 유리창에 사용하는 강화유리도 이것과 비슷한 원리가 적용되어 있다.

그런데 원래 이상재는 나무가 산에서 자라는 상태에서 비대칭으로 힘이 작용하는 곳에 생기는 조직이었다. 즉 프리스트레스트 콘크리트를 만들 때와 같은 조건이 주어지는 것이다. 따라서 산에 자라고 있는 그대로의 형태로 있는 동안에는 힘의 균형을 이루고 있지만, 나무를 베면 내장되어 있던 힘이 작동해서 나무에 변형을 일으키는 것이다. 이상재의 세포를 현미경으로 들여다보면 모양이 둥글고 벽이 두꺼우며 보통의 세포와는 다른 구조로 되어 있는데, 그것은 앞에서 설명한 것과 같은 조건이 주어져 있어서 그것에 적합하도록 만들어졌기 때문이다.

서두에서 말한 것처럼 나무를 원시적인 소재 따위로 부르는 것은 잘못이라고 생각한다. 강도라는 한 가지 항목만 보더라도 끝을 알 수 없는 신비함에 놀란다. 그것은 아주 오랜 진화의 역사 속에서 말없이 자연에 적응해 온 결정체라고 해도 좋을 것이다.

최근 복합재료에 관한 연구가 활발하다. 일상에서 사용하는 유리섬유강화플라스틱(FRP)이나 자동차 타이어에 사용하는 섬유강화고무(FRR)도 마찬가지이다. 항공기나 우주선에는 더욱 강하고 가벼운 재료의 개발이 필요하다. 그런 재료의 힌트는 생물체의 구조 안에 숨어있다고 한다. 자동화의 힌트가 의외로 저급하다고 생각해 왔던 생물체 안에서 발견된 것처럼, 살아있는 것들 속에는 자연에 적응해온 결정체가 숨어있는 것이다. 나무도 그러한 재료의 한 가지이다. 따라서 인조 목재는 아무

호류지를 지탱한 나무

리 좋게 보이더라도 우리를 매혹하는 무언가가 결여되어 있다.

나이테의 이력

나이테는 1년마다 생기기 때문에 그 안에는 나무의 이력이 새겨져 있다. 호류지 오중탑 심주를 예로 살펴보자. 이 오중탑은 굴립주식으로 기단 속에 묻혀 있던 심주의 밑동은 썩어서 텅 비어버렸다. 쇼와 대수리 때 지하 부분은 흙으로 메우고 지상 부분은 아랫부분을 신재로 이어 탑을 옛날 모습으로 복원했다. 앞 장에서 니시오카가 말한 그대로이다. 심주는 꼭대기의 상륜까지 3개의 히노키 거목을 이어 만들었다. 수리 때 잘라낸 밑동의 썩은 부분 바로 위에서 두께 약 10cm의 원반을 잘라 심주의 나이테를 조사하게 되었다. 그 목적은 다음과 같다.

　나무의 나이테에는 넓고 좁은 차이가 있는데 그 원인에 대해서는 여러 가지 설이 있다. 예를 들어 태양의 흑점과 관계있다든지 기상의 역사를 그대로 나타내고 있다는 미국 연륜연대학(年輪年代學, Dendrochronology)의 견해가 대표적이다. 이번 수리에서 내력이 확인된 용재를 얻을 수 있었기 때문에 그 이력을 추적하면 호류지의 창건 연대를 추정할 수 있는 어떠한 자료를 얻을 수 있지 않겠느냐는 세키노 마사루(関野克, 1909~2001) 박사의 의견에 따라 조사가 이루어졌다. 조사는 고 오나카 후미히코(尾中文彦) 박사와 내가 맡았다. 결과를 요약하면 나이테만으로 건립연대를 추정하는 것은 어렵다. 나무는 종류에 따라 뿌리가 자라는 방식이 다른데, 소나무처럼 뿌리를 수직으로 깊게 내리거나 삼나무처럼 얕으면서 수평으로 퍼지는 것도 있다. 따라서 어떤 해에 비가 적게 내렸다 하더라도 땅

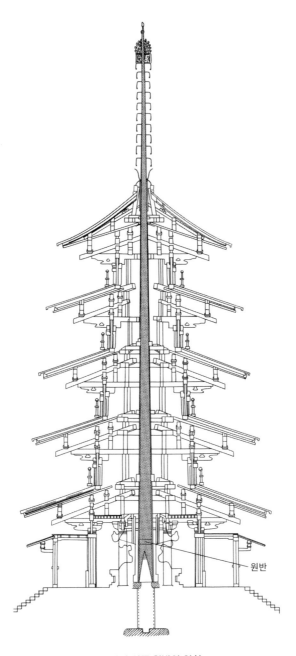

원반

오중탑과 심주 원반의 위치

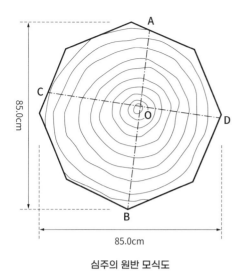

심주의 원반 모식도

속 깊은 곳에서 물을 빨아들인다면 생장이 쇠퇴해 나이테 폭이 좁아진다고 단정할 수도 없다. 아메리카의 사막과 같은 지대에서는 기상 조건이 그대로 나이테에 나타나기도 하지만 더 많은 자료가 갖춰지지 않으면 추정은 어렵다는 것이다. 그런데 이것을 조사하는 과정에서 두세 가지 흥미로운 사실을 알게 되어 소개한다.

먼저 산지와 관련해 미요시 마나부(三好學) 박사는 목재해부학의 관점에서 심주의 용재가 오스기다니(大杉谷)*의 히노키에 가까운 재질이라고 했다. 벌채한 지역까지는 식별해 내지 못했지만 긴키계(近畿系)** 히노키로 보아도 무방하다고 판단했다. 다음은 수령에 대한 설명이다. 원반의 나이테 수는 344개였다. 따라서 심주의 수령은 'm+344+n'이 된다. 여기서 'm'은 이 나무가 싹을 틔워 원반 중심의 첫 번째 나이테까지 성장하는데 소요된 햇수, 'n'은 심주 치목 과정에서 깎여나간 외곽 변재 부분의 나이테 수이다. 'm'에 대해서는 사토 야타로(佐藤彌太郞) 박사의

---

* 미에현(三重縣) 서남부 타키군(多氣郡) 오다이초(大臺町)의 미야가와(宮川) 상류 지역으로 요시노쿠마 국립공원(吉野熊國立公園) 안에 있는 계곡이다. 빼어난 경관을 자랑하며 국가 천연기념물로 지정되어 있다.

** 일본의 긴키(近畿) 지역은 혼슈 중서부의 고대 도성이 있던 지역으로, 오사카부, 교토부, 효고현, 나라현, 미에현, 시가현(滋賀縣), 와카야마현(和歌山縣)을 포함한다.

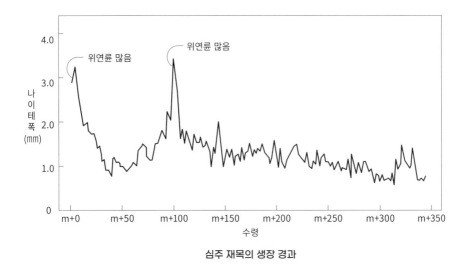

심주 재목의 생장 경과

추측에 의해 30~50년이라는 수치가 나왔다. 다음으로 'n'에 대해서는 변재율(邊材率)에 정통한 야자와 카메요시(矢澤龜吉) 박사의 감정에 의해 50~60년으로 추정되었다. 이 결과로부터 수령이 $(30\sim50)+344+(50\sim60)$, 즉 422~455년으로 산출되었다.

다음은 나이테이다. 심주 재목의 성장 경과는 위 그림과 같이 표현할 수 있다. 이 그래프에서 알 수 있는 것은 최대 생장 시기가 m년 및 m+100년 무렵의 두 시기가 있다는 점, 정점 직전에 두 시기 모두 연속해서 현저한 중연륜(重年輪)*이 확인된다는 점이다. 이것에 대한 사토 야

---

* 1년 동안 나이테가 두 개 생기는 것을 중연륜이라고 한다. 중연륜에서 정상적으로 생기는 나이테 외에 더 생긴 나이테 모양의 구조를 위연륜(僞年輪)이라고 한다. 나무가 풍해나 충해 등으로 잎의 대부분을 잃게 되면 규칙적인 목재 형성이 교란되어 추재에 해당하는 부분이 만들어지고, 회복되어 새잎이 자라면 그 바깥으로 다시 춘재와 같은 조직이 만들어지는데 이것이 위연륜이다.

호류지를 지탱한 나무

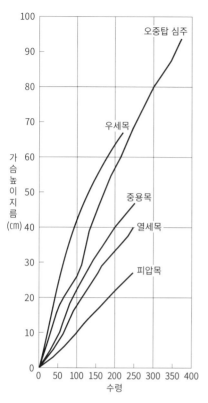

**기소 히노키의 생장 경과와
심주 용재의 비교**

타로 박사의 추론은 다음과 같다. 보통 m년부터 m+100년 정도까지는 성장이 가장 왕성한 시기였다. 이후에 성장이 저하되어 하향 곡선을 그리고 있다는 것은 그 무렵에 뭔가 이상이 생겼기 때문으로 볼 수 있다. 대략 m+50년까지는 이 나무 주위에 경쟁하며 성장하고 있던 큰 나무가 있었는데, 그 무렵이 되어 이 나무가 인접한 나무보다 커졌다. 그래서 생장이 좋아졌고 점차 상승 곡선을 그리게 된 것으로 보았다. 다음으로 m+100년 부근에서 급격한 생장을 보이는 것은 환경에 변화가 있었기 때문으로 생각했다. 기상 변화에 의한 것인지 태양 흑점에 의한 것인지는 알 수 없다. 그러나 이 시기에 중연륜이 생기고 있는 것을 보아 그늘을 드리우고 있던 주위의 큰 나무가 바람에 쓰러지거나 아니면 다른 원인으로 급격히 사라져 버린 때문이 아닐까 하고 추정했다.

그리고 이 심주의 생장 경과를 구라다 요시오(倉田吉雄) 박사가 조사한 기소지방 히노키와 비교해 보면 심주 재목은 기소 히노키의 우세목(優勢木)과 중용목(中庸木)의 중간 정도의 생장을 이어갔고, 노목이 되어서부터는 우세목을 능가하고 있다는 것을 확인할 수 있다. 이를 통해 심주는 매우 비옥한 땅에서 성장을 오랫동안 지속한 나무였다는 것을 알 수 있다.

　이상이 이 심주 재목의 생장 이력에 대한 개요이다. 호류지를 비롯해 많은 사원과 신사에 사용되고 있는 목재는 그 하나하나에 이러한 이력이 내포되어 있다.

나무의 분포와 자원

식물의 생육을 지배하는 최대 조건은 기후이므로 나무의 분포 역시 그것과의 관계에서 생각하면 이해하기 쉽다. 지구상에서 적도에 가까운 남쪽 지대는 고온이고 햇빛이 강하기 때문에 나무는 푸른 잎을 가지고 있으면 언제든지 양분을 만들 수 있다. 따라서 연중 잎을 펼쳐놓고 있으면 된다. 그것도 잎이 넓을수록 유리하다. 즉 이 지대는 상록활엽수에 적당한 땅인 것이다. 이곳의 나무는 우기가 되면 생장을 시작하고 건기가 되면 쉬기 때문에 생존 조건이 혹독하지 않다. 그래서 남방의 나무는 나이테가 명확하지 않은 것이 많다.

　한편 북극에 가까운 한대지방에서는 혹독한 겨울을 나야 한다. 겨우 봄이 되는가 싶어 싹이 트고 잎이 나와도 이내 곧 겨울이 되고 만다. 그래서 잎이 붙은 채로 봄을 기다렸다가 바로 양분을 만들지 않으면 안 된다. 그러나 남방과 같이 얇고 넓은 잎으로는 혹독한 겨울을 날 수 없다. 따라서 잎은 두껍고 둥근 단면이 된다. 그것이 침엽수이다. 즉 이곳은 상록침엽수가 살아남을 수 있는 지역이다.

　그런데 중간의 온난한 지대에서는 봄이 오면 싹이 트고 잎이 나며

　　　　호류지를 지탱한 나무

그것을 통해 양분을 만들어도 시간적으로 충분하다. 그리고 겨울 동안은 거추장스러운 잎을 떨어뜨리는 편이 나무의 몸체를 지탱하는 데 유리하다. 낙엽활엽수가 이 지대에 많은 이유이다. 이 경우 나무는 잎만 나면 양분의 자급자족이 가능하지만 싹을 틔우기 위해서는 미리 양분을 저장해 두지 않으면 안 된다. 나무 안에는 그 역할을 하는 조직이 있다. 그것이 유조직이라고 하는 것으로, 줄기의 중심에서 방사형으로 배열되는 것과 종방향으로 배열되는 것이 있으며, 바깥쪽의 체관부에 이어져 있다. 여름이 끝날 때까지 세포 분열에 사용되고 남은 양분은 이 속에 저장되어 봄을 기다린다.

지구에서 남방에는 상록활엽수, 북방에는 상록침엽수가 자라고 중간 지대는 낙엽활엽수부터 순차적으로 북쪽으로 가면서 침엽수로 옮겨가는 경향이 있다는 것에 대해 설명했다. 그런데 그것은 나무의 분포를 아주 개략적으로 보았을 때의 이야기이다. 남방에서도 고산에서는 침엽수가 자란다. 그것은 고도가 위도와 같은 조건으로 작용하기 때문이다. 타이완에서 양질의 히노키를 얻을 수 있는 것은 높은 산악지대가 있기 때문이다.

이상의 설명을 통해 일본처럼 남북으로 길고 산악지대가 많은 나라에는 나무의 종류가 아주 풍부하고 양질의 재목도 많은 이유를 알 수 있을 것이다. 이러한 지리적 조건이 독특한 나무의 문화를 만들어내는 데 크게 공헌한 측면도 있다. 그런데 같은 종류의 나무라도 지역에 따라 재질이 다르고, 생장하고 있는 산의 사면이나 토양, 햇빛의 조건에 따라 같지 않으며, 나아가 같은 한 그루의 나무라도 남쪽 부분과 북쪽 부분에서 미묘하게 차이나는 것에 대해서는 니시오카의 이야기에 자세히 나온다. 그 이유는 지금까지 설명해 온 것을 기초로 생각하면 쉽게 이해할 수 있을 것이다.

끝으로 목재 자원에 대해 한 가지 언급해 두고 싶은 것이 있다. 이 책에 나오는 니시오카의 고건축 이야기도 뒤에 나오는 고대 조각에 관한 나의 설명도 아직 일본에 나무가 풍부했던 시대의 이야기이다. 그처럼 목재를 풍부하게 공급하는 것이 앞으로도 오랫동안 이어질 수 있을까? 그것에 대한 예측은 매우 비관적이다.

메이지 초까지 나무는 가장 중요한 재료의 하나였다. 나무가 없다면 건축도 토목도 또 국토의 개발이나 전쟁마저도 불가능했기 때문이다. 20세기에 들어와 철이나 유리가 보급되고 경금속이나 플라스틱을 쉽게 사용할 수 있게 되면서부터 목재는 제2의 재료, 제3의 재료가 되었다. 이대로 가면 목재는 결국 필요 없어지게 되는 것이 아닐까 하고 생각했던 것이 바로 몇 해 전의 일이다.

그러나 최근 들어 사정이 급변했다. 지금은 심각한 목재 부족이 긴급 현안이 되었다. 자원이 부족한 일본에서 가장 수입액이 많은 것을 들자면 누구라도 석유라고 답할 수 있지만 다음이 목재라는 사실은 의외로 잘 모른다. 오일쇼크(1973, 1978)로 대혼란을 겪었던 것이 바로 얼마 전인데 목재 쇼크도 언제 일어날지 모를 일이다. 아니 지금도 서서히 목재 수입이 어려워지고 있다. 나무 안에서 살고 나무와 함께 생활해 왔던 일본인이 나무를 자유롭게 쓸 수 없는 날이 온다는 것을 생각이나 해 봤던가?

흔히 일본은 삼림국이라고 한다. 그러나 그것은 국토 면적의 70%가 산악지대로 되어 있다는 의미이지 자원이 풍부하다는 것을 의미하는 말은 아니다. 사실 우리가 지금 사용하고 있는 목재는 그 양의 2/3를 수입에 의존하고 있다. 게다가 문제는 양의 부족뿐만이 아니다. 질도 저하되어 큰 재목은 현저하게 줄어들고 있다. 예를 들어 최근에 완성된 야쿠

호류지를 지탱한 나무

주요 국가의 삼림자원(1963)

구분	인구 1명 당		1ha 당	
	삼림면적(ha)	축적(m^3)	축적(m^3)	생산량(m^3)
캐나다	23.4	1,263	54	0.2
소련	4.0	352	87	0.4
미국	1.6	107	66	1.0
일본	0.3	20	75	2.5
프랑스	0.2	20	84	3.7
서독	0.1	17	139	3.7
이탈리아	0.1	6	49	3.0
영국	0.0	2	62	1.9
평균	2.3	173	75	0.5

시지의 금당도, 호린지의 탑도, 또 그것보다 조금 앞선 메이지신궁의 도리이(鳥居)*까지 타이완 히노키로 겨우 전통적인 형태를 복원했다.

그리고 기소 히노키는 최근 수년간 매년 10만m^3씩 벌채해 왔다. 이대로 가면 앞으로 25년밖에 가지 못하기 때문에 벌채량을 줄이는 계획이 수립되고 있다고 한다. 메이지 중반에 조림한 히노키는 이제 겨우 80년이 되었고, 앞으로 70년을 기다려 150년이 되었을 때 사용하려는 것이다. 조상들이 '나무 한 그루에 목숨 하나(木一本首一つ)'의 정성으로 남겨준 히노키이지만 생각해 보면 등골이 오싹해진다.

목재 수입의 미래를 생각하면 반드시 밝지만은 않다고 한다. 그렇다면 우리에게 남겨진 길은 한 사람 한 사람이 나무를 더욱 소중히 사용

---

* 도리이는 신사 등에서 신성한 영역으로 들어가는 입구에 인간이 사는 세속의 영역과 구분하기 위해 설치하는 일종의 문으로, 보통 좌우에 기둥을 하나씩 세우고 그 위에 가로재를 상·하 두 겹 걸친 단순한 형태로 만들어진다. 한국의 홍살문이 이것과 비슷하다.

하는 것, 그리고 나무를 나무답게 활용하는 것밖에는 없을 것이다. 그런 의미에서도 니시오카의 이야기는 귀중한 가치로 다가온다.

호류지를 지탱한 나무

제 3 장

목
용
빈
핍

나무의 생명

요즘처럼 자연이 이렇게 소중한 것이라고 여겼던 시대는 일찍이 없었을 것이다. 지금 우리에게 이상적인 생활이란 자연의 좋은 점을 받아들인 생활이라고 할 수 있다.

눈에 파묻혀 긴 겨울을 나야만 했던 북유럽 사람들은 굴 같은 집 안에서 나무를 가까이하며 다시 녹음이 오기를 기다려야만 했다. 나무를 잘 사용하는 북유럽의 인테리어는 이러한 환경에서 나왔다. 그런데 기후가 온난해 개방적인 주거 양식을 영위해 온 일본은 '나무의 문화'를 키워왔다. 이 두 민족은 발생 과정에는 차이가 있지만 나무에 대한 애착이 깊고 세계 어느 민족과 비교할 수 없을 정도로 나무에 유달리 민감하다.

일본 인테리어의 매력은 나무 기둥, 미서기문, 다다미, 흙벽, 천장에 자연재료를 사용하고 그것을 나무 그대로의 질감으로 통일했다는 것에 있다. 사람은 생물이기 때문에 몸에 닿는 부분에 생물 질감으로 된 것을 두면 마음이 편안해지는데, 이처럼 생물 재료 가까이에서 마음의 편안

16세기 영국의 목제 테이블. 두껍게 칠을 해서 금속 같은 느낌으로 마감했다

함을 느끼는 것 또한 자연이다. 나일론이 널리 보급되어 있지만 속옷은 역시 면이 좋다는 복고가 유행하는 것도 면 소재가 우리의 생물적 본능과 합치하기 때문이다. 가죽과 인조가죽, 거북 등껍질과 셀룰로이드, 나무와 멜라민화장판은 보기에는 같아 보여도 자연과 인공의 질감의 차이가 있는데, 우리는 이 차이를 미묘하게 분간할 수 있다.

질감에 대한 현대 일본인의 감각은 시각적으로는 약간 후퇴한 아쉬움은 있지만 촉각은 아직 원시에 가까운 형태로 우리 몸 안에 살아있다. 그것이 면과 나일론, 나무와 플라스틱을 미묘하게 분별해 내는 것이다. 이러한 소질을 가진 일본인이기 때문에 나무를 대했을 때의 발상이 달라진다. 유럽 사람들은 나무를 봤을 때 먼저 그것을 공업재료로 생각하지만 우리는 공예재료로 받아들인다. 즉 나무를 손에 넣었을 때 가장 신

호류지를 지탱한 나무

경 쓰는 것은 아름다운가 그렇지 않은가이다. 공예적인 판단이 먼저 서기 때문에 다음과 같이 냉정한 공업재료로서의 대책에 지장이 생겨버리는 것이다. 기용빈핍(器用貧乏)*이 아니라 목용빈핍(木用貧乏)**인 것이다.

　　나무를 다루는 사람에게 가장 곤란한 것은 나무 변형이다. 그것을 방지하기 위해서는 섬유와 직각 방향으로 신축하는 것을 억제하면 된다. 그렇게 하려면 얇게 켠 나무를 나뭇결의 방향을 바꿔가며 붙여 만들면 된다. 이렇게 해서 생겨난 것이 합판이다. 더욱 작은 조각으로 만들어 접착제로 붙이면 변형은 한층 적어진다. 파티클보드(particle board)가 만들어진 것은 이런 이유 때문이다. 그래도 두께 방향으로 변형하는 것은 막을 수 없다. 이것은 섬유를 산산이 부숴 접착제로 뭉치면 개량할 수 있다. 이것이 하드보드가 만들어진 이유다. 이러한 사고의 과정은 나무를 공업재료로 취급하는 입장에서는 아주 자연스러운 진행 방향이다. 그런데 우리는 그런 사고방식에 익숙하지 않았다. 그래서 수입된 파티클보드를 봤을 때 먼저 느낀 것이 표면 문양이 재미있다는 것이었다. 이 재료는 원래 위에 설명한 것과 같은 이유로 변형이 생기지 않는 바탕재로 만들어진 것이기 때문에 그 표면에 화장판을 붙여 마감하는 것이 당연하다. 그런데 일본에서는 우선 표면의 나무 조각이 서로 뒤섞여 만들어내는 문양에 매료되어 버렸기 때문에 그 자체로 사용하게 되었다. 파티클보드는 옷에 비유하자면 속옷이고 화장판이 겉옷에 해당하기 때문에, 그러한 일본적인 사용방식은 속옷만 입은 채 동네를 돌아다니는 것과

---

*　　다양한 방면에 재주가 있지만 한 가지 일에 집중하지 못하고, 오히려 크게 성공하지 못하게 되는 것을 이르는 말

**　　나무를 다양하게 사용하지만 정작 공업재료로는 잘 사용하고 있지 못하다는 것을 기존의 기용빈핍이라는 말을 활용해 겸손하게 변형하여 표현한 말

같은 모순을 가지고 있다. 일본에서 한때 그런 사용방식이 유행해 재료 자체도 그러한 유행에 맞춰 제작되었다. 최근에는 없어졌지만 일본인의 나무에 대한 사고방식을 알 수 있는 재미있는 사례이다.

여기서 내가 말하고 싶은 것은 우리의 이러한 태도가 좋은가 나쁜가 하는 것이 아니다. 개구리가 물에 뛰어드는 것을 보고 직감적으로 "옛 연못이여!"하며 싯구 읊조리는 일본 사람과 유체역학을 생각하는 유럽 사람, 사과가 떨어지는 것을 보고 '만유인력'을 생각해 내는 그들과 '늦가을'을 연상하는 우리의 사물을 보는 방식, 그러한 사고방식의 차이를 목재라는 재료를 통해 한 번 더 되새겨보고 싶었던 것이다.

건축평론가 가와조에 노보루(川添登, 1926~2015)는 돌과 나무에 대해 다음과 같이 말했다.

"돌은 지구의 조산작용(造山作用)에 의한 압력으로 만들어진 가장 우수한 자연의 압축재인 것에 반해 태양을 향해 하늘로 뻗어오르는 생명력을 섬유에 간직하고 있는 목재는 자연이 낳은 가장 우수한 인장재이다. 따라서 돌로 문명을 일궈낸 유럽이 압축의 문명이었던 것에 대해 나무, 그중에서도 연목(軟木)*을 사용해 온 일본 문명은 인장력의 문명이다."

이 말은 시사하는 바가 크다. 물건을 만져보고 재료를 기준 삼아 그 문화를 다시 보려는 입장에 섰을 때, 나무의 온기가 일본의 국민성에 어떤 영향을 주었는지에 대해 생각하는 것은 흥미로운 일이다.

---

* 침엽수와 같이 무르고 연한 나무. 반면 느티나무, 벚나무, 단풍나무 등과 같은 활엽수는 재질이 딱딱한 경목(硬木)이다.

나무의 깊이감

일본인은 나무에 둘러싸여 살아온 민족이다. 남북으로 세장한 국토에 양질의 다양한 재료가 풍부했기 때문이다. 그런 풍토 안에서 우리 조상들은 이 세상에 무스비노카미(産靈神)라는 만물을 낳는 신이 있고, 이 신이 땅과 산천초목에 영혼을 준다고 믿고 있었던 듯하다. 헤이안시대에 간행된 사전인 《화명초(和名抄)》에는 목령(木靈) 혹은 목혼(木魂)이라는 말이 나오는데, 그것은 나무에 정령(精靈)이나 영혼이 깃들어 있다는 의미였다.

이렇게 나무를 신앙의 대상으로 받아들이는 것은 나무를 베어 목재로 만든 뒤에도 이어진다. 액을 막고 복을 부르는 부적인 오후다사마(お札樣)가 대표적이다. 나무에서 정령을 느끼는 것이다. 기계문명을 상징하는 자동차 안에 나무 조각으로 된 오후다사마를 걸어두는 모순에 웃을지도 모르지만, 그것은 최근까지 집에 나무를 심어 신목(神木)으로 모셨던 야시키림(屋敷林)**의 전통을 축소한 것으로 볼 수 있다. 니시오카는 나무에는 제2의 생이 있어서 건물에 사용되었을 때부터 그것이 시작된다고 했는데 이것 역시 같은 사고방식에 연유한 것이다.

분명한 것은 나무는 이전에 생명을 가지고 있던 세포의 덩어리이며, 생장의 흔적을 보여주는 나뭇결이 조형 재료로서 가장 큰 특징이 되고 있다. 나이테의 폭은 수령, 토양, 기온, 습도, 일조 등의 기록이기 때문에 그 안에는 매년 나무의 역사가 새겨져 있다.

고온다습한 기후의 혜택을 누리는 열대지방의 나무는 나이테를 만

** 방풍림. 주로 바람의 피해를 막기 위해 집 둘레 나무를 심어 조성한 숲을 말한다.

기후현 군죠 이토시로(岐阜縣 郡上 石徹白)의 삼나무 신목

들지 않는다. 연중 생장을 계속할 수 있기 때문이다. 생장기에 홍수나 가뭄을 겪거나 해충이 잎을 먹어버리거나 하면 생장은 멈추지만 회복하면 다시 생장을 계속하기 때문에 그 해에는 두 개의 나이테가 생긴다. 이것이 중연륜이다. 즉 나이테는 여러 해의 풍설을 견딘 나무의 이력서이다. 사람에게도 역시 연륜이라는 것이 있다. 그것은 정신에 새겨 있기 때문에 나무처럼 형태로 나타나지는 않지만 그 사람의 경험과 노력을 통해 만들어지는 기록이다.

그래서 우리는 나이테의 복잡한 문양에서 자연과 인간 사이의 대화를 느낄 수 있다. 그것이 나무가 가진 가장 큰 매력이라고 할 수 있다. 따라서 나무는 사람에 의해 되살아나고 사람에 의해 사용될 때 진정한 아

호류지를 지탱한 나무

아름다운 나이테 문양

름다움이 나온다. 이것은 사용할수록 더러워지는 플라스틱과는 정반대이다.

일본인이 나무의 향이 신선한 백목만 좋아하는 것은 아니다. 시간이 지나면서 회색으로 퇴색해 가는 표면을 이번에는 '사비(さび, 寂)'* 라는 독특한 세계관의 대상으로 삼아 또 다른 입장에서 감상하는데, 그것은 나무가 원래 생물 재료이고 잘라서 판재로 만든 이후에도 휘거나 뒤틀리는 생명체의 움직임을 보이는 것에 마음이 끌리기 때문이다.

나무로 가구를 만들 때 그 맛이 살아날지 여부는 나무의 두께에 의해 결정된다. 지금 민예가구로 불리는 것이 인기를 얻고 있는데 이것을 포함해 전통 가구를 보면 모두 표면에서 깊이가 느껴지도록 만들어져 있다. 그러나 근래에 나무를 사용하는 방식에서는 거의 깊이감을 느낄 수 없게 되고 말았다.

나무는 휘고 뒤틀리기 때문에 전통적인 목공에서는 그 성질을 잘 읽어 변형이 생기지 않는 건물이나 도구를 만들었다. 즉 살아있는 나무

---

* 사비(さび, 寂)는 와비(わび, 侘)와 더불어 일본의 전통 미의식을 나타내는 말로, 흔히 '와비 사비'라고 한다. 와비는 소박하고 부족한 속에서 마음의 충족을 추구하는 의식, 사비는 한적한 속에서 그윽한 깊이와 여유로움을 느끼게 하는 아름다움을 의미한다.

나가노현 마츠모토(長野縣 松本)지방의 민예 가구

에 내재된 자연의 힘을 죽이지 않고 나뭇결을 따라 쪼개 용재를 얻어 세공했다.

이렇게 나무를 쪼개 용재를 얻는 기법은 무로마치시대 중기에 켜는 톱이 수입되면서 쇠퇴하기 시작했다. 에도시대에 들어와 켜는 톱이 보급되자 나무의 성질을 읽는 기술은 현저하게 쇠퇴해져 버렸다. 그리고 20세기에 들어와 기계로 아주 얇은 판재를 켤 수 있는 베니어(veneer) 기술이 수입되자 나무는 이제 가공이 번거로운 시대에 뒤떨어진 재료가 되었고, 나무제품의 겉면에만 겨우 나무의 생명이 얇은 흔적으로 남았다. 나아가 최근에는 나무 무늬를 인쇄하는 기술이 보급돼 두께는 완전히 사라지고 나무는 완전히 절명해 버렸다. 프린트 합판이나 나무 문양 합성수지판 제품이 시장에 범람하면서 옛날의 나무가 생명체라는 개념

호류지를 지탱한 나무

백목의 질감을 살린 스웨덴 주택의 실내

은 이제 만드는 쪽이나 사용하는 쪽에서 모두 사라져 버렸다. 쪼개는 방식에서 켜는 톱으로, 합판에서 프린트로 가공기술의 진보는 나무의 깊이감이 더 이상 필요하지 않도록 만들었고, 동시에 나무제품이 나무가 아닌 것으로 대체되어 가는 운명을 걷게 되었다.

목공을 위한 기술이란 나무의 생장 이력을 잘 살려내는 충실한 사용 방식을 의미하는 것이기도 하다. 따라서 금속과 같이 늘리거나 펴거나 하는 가공법은 불가능하며 본래의 것도 아니다. 두께감이 있는 용재로부터 조각해내듯이 만들어 갈 때 재료가 갖는 특유의 맛을 살릴 수 있다.

일본에서는 전통적으로 백목을 사용해 왔다. 백목은 장식하지 않은 표면을 그대로 드러내고 있기 때문에 다공질이며 부드럽고 푸근한 깊이 감이 있다. 유럽에서는 칠을 한 활엽수를 사용해 왔는데 칠을 한 표면은 딱딱하고 광이 나며 깊이감이 없기 때문에 그들은 일부러 두꺼운 판으로 깊이감이 있는 가구를 만들었다.

유럽의 인테리어를 보면 북쪽으로 갈수록 나무에 깊이감을 드러내는 방식으로 되어 있고 표면의 칠이 얇아지는 것을 알 수 있다. 긴 겨울나기를 피할 수 없는 북유럽에서는 생물적인 질감이야말로 실내의 단순함을 구제해 주는 유일한 것이다. 그래서 그들은 깊이감이 있는 두꺼운 나무에 둘러싸여 그 긴 겨울을 나는 것이다.

자루대패의 효용

금속과 나무로 물건을 만들 때 조형 효과의 측면에서 가장 크게 다른 점은 금속은 예리한 칼로 자른 딱딱한 선으로 윤곽이 확실하게 구분되는 것에 비해, 나무는 부드러운 선으로 전체가 푸근하게 감싸여 있다는 것이다. 펜으로 그은 기계제도의 선과 부드러운 연필로 그린 프리핸드 선의 차이와 같다. 물론 재질 면에서 금속은 딱딱하며 차갑고, 나무는 따뜻하고 부드럽다는 물리적인 차이는 있다고 하더라도 그 윤곽선에 의한 느낌의 차이는 크다. 돌도 재질로 보면 딱딱하고 차갑지만 윤곽선이 뚜렷하지 않기 때문에 금속보다는 훨씬 부드럽게 느껴진다.

니시오카는 호류지의 원기둥을 깎을 때 틀대패는 딱딱한 선이 나오기 때문에 자루대패를 사용했다고 한다. 새로 만든 강철이 아니라 아스카시대의 못으로 다시 만든 날을 사용했다고 한다. 히노키 표면에 연필선과 같은 부드러움을 추구했기 때문일 것이다. 자루대패는 나무에 날이 닿는 상태가 그대로 손에 전달되기 때문에 조각용 끌을 사용하는 것

호류지를 지탱한 나무

처럼 섬유의 결을 따라 깎아 낼 수 있다. 그런데 틀대패는 나무와 손 사이에 틀이 있기 때문에 재질이 직접 손에 전해지지 않는다. 그래서 마감한 면은 평활하지만 섬유가 잘려 있어 나무의 맛이 살아나지 않는다. 그리고 기계대패는 재질의 저항을 기계만 받기 때문에 대상이 나무든 금속이든 아무 관계가 없다. 단지 눈금대로 정확히 두께를 줄여갈 뿐이다. 즉 자루대패를 사용한다는 것은 나무에 끌의 흔적을 남기면서 커다란 조각을 만들어 가는 것과 같은 방식이라는 것이다.

생각해 보면 우리는 오랜 기간 나무를 이런 식으로 사용하면서 주변의 대상을 딱딱한 터치보다는 부드러운 터치로 파악하는 습관이 몸에 밴지도 모른다. 그 예를 가정(家庭)과 인간이라는 단어로 설명해 보자. 유럽의 집과 일본의 집을 비교했을 때 가장 큰 차이로 느끼는 것은 건물의 내장과 외장을 만드는 방식이다. 유럽에서는 건물의 안과 밖 사이에 무겁고 두꺼운 묵직한 벽이 있어 공기마저도 차단하고 있다. 그래서 내장과 외장이 확연히 구별되며 대립하고 있다. 그런데 일본의 건물은 안에서 밖으로 어느 사이엔가 옮겨 간다. 처마 끝이나 툇마루같이 야채를 널어 말리거나 곶감을 걸어두는 모호한 공간이 있는데, 이곳은 내장과 외장의 구분이 명확하지 않다. 즉 거주공간 둘레의 윤곽선이 분명하지 않다. '가정'이라는 말은 그런 이미지를 배경으로 생겨난 말이 아닌가 하고 나는 생각한다. 그렇다고 가정이라는 글자를 직역해 '하우스(house)'와 '가든(garden)'을 결합해 만든 것이라고 생각하면 오산이다. 왜냐하면 가든은 유럽의 궁전과 같이 한없이 넓은 자신의 부지를 가리키는 말이기 때문에 일본의 마당(庭)과는 완전히 다르다. 이 경우의 마당은 집 둘레의 처마 끝이나 툇마루와 같이 얇은 공기층의 의미이다. 그렇다면 '가정'은 바로 일본적인 주거방식을 배경으로 생겨난 단어라고 해도 좋을 것이다.

 같은 방식으로 인간이라는 말에도 적용할 수 있다. 이 말은 사람과 사람 사이(間)의 공간까지를 포함하는 개념이다. 중국에는 인체(人體)라는 말은 있지만, 인간(人間)이라는 개념에 해당하는 말은 없는 듯하다. 인체는 몸 그 자체이기 때문에 윤곽이 명료하지만, 인간은 그 주위에 어느 정도의 공기층이 감싸고 있기 때문에 윤곽이 뚜렷하지 않다. 인간이라는 말은 메이지 초에 만들어진 것이라고 하는데 매우 일본적인 말이라고 생각한다. 이런 말이 생겨났다는 것은 일본인이 펜의 선보다도 연필로 그은 선을 더 좋아했기 때문이 아닐까. 그것이 가정의 마당(庭)이고 인간의 사이(間)이다. 재료와 사고방식 중에서 어느 것이 먼저인지 나는 모르지만 이것은 흥미롭다.

 그런데 같은 나무 중에서도 활엽수의 재질감은 금속에 가깝고, 침엽수의 재질감은 그것보다 훨씬 부드럽다. 매끈하게 칠을 한 활엽수의 면은 단조롭고 금속을 연상시키는데, 히노키의 표면은 비단과 같은 정취가 있고 윤곽선이 뚜렷하지 않아 그윽한 깊이감이 있다. 히노키를 자루대패로 깎는 것은 이런 특질을 더욱 효과적으로 드러내는 수법이다.

기타야마 삼나무

일본인이 나무를 얼마나 좋아하는지는 교토의 기타야마 삼나무 키우는 방식을 보면 잘 알 수 있다.

 교토분지를 둘러싸는 산 가운데 북쪽의 여러 산은 동쪽의 히가시야마(東山), 서쪽의 니시야먀(西山)에 대해 기타야마(北山)라고 부른다. 이 기

호류지를 지탱한 나무

아름다운 숲을 이루고 있는 기타야마 삼나무

타야마의 산자락을 흐르는 강인 교타키가와(淸瀧川) 유역에는 옛날부터 미가키 마루타를 생산하는 기타야마임업(北山林業)이 발달했다. 여기에서는 다이스기(臺杉)*라는 특수한 재배법으로 나무를 키우기 때문에 다이스기임업(臺杉林業)이라는 이름으로도 알려져 있다.

기타야마임업은 스키야(數寄屋)** 건축의 재료로 없어서는 안 되는, 줄기의 아래에서 위까지 굵기가 같은 긴 통나무를 얻기 위해 고안된 것이다. 이렇게 특수한 나무를 생산하는 기술이 정착하기까지는 수백 년

---

* 한 그루의 삼나무 밑동에 여러 개의 줄기가 자라도록 키운 것. 교토 기타야마의 삼나무 재배법으로 유명하며, 한 그루의 나무로 여러 개의 용재를 키워 낼 수 있는 장점이 있다.

의 오랜 경험과 연구가 축적되어 왔다.

　나무를 심어 놓은 그대로 방치해두면 줄기는 아래의 뿌리 쪽은 굵고 위 끝은 가늘게 된다. 묘목을 밀식해 어릴 때부터 아래쪽 가지를 잘라내고 위쪽 끝에만 가지를 남겨 생장을 억제시키면 아래와 위의 끝이 같은 굵기로 되고 옹이가 없는 곧은 기둥 용재가 된다. 벌채하기 전 해에 끝부분에 남은 가지를 더 잘라내면 기둥에 윤기가 더 나게 된다. 이것을 강모래로 갈아서 아름다운 기타야마 미가키 마루타라고 하는 용재를 만드는 것이다. 다만 이렇게 하면 생장이 아주 느려져 기둥재로 자라는데 30~40년이나 걸린다. 앞에서 벌채하기 전에 줄기 끝의 가지를 더 잘라낸다고 했는데, 최근에는 생선 양식에서도 이것과 같은 '미시메(身しめ)'라는 방법을 쓴다고 한다. 너무 많이 섭취한 지방 성분을 조절하기 위해 출하하기 전 며칠은 먹이를 전혀 주지 않고 굶긴다. 이렇게 하면 맛이 좋아진다는 것이다. 생물에게 공통되는 방식이라는 점이 재미있다.

　위에서는 스키야 건축의 기둥 용재에 대해 설명했는데 서까래 용재를 키우는 과정은 좀 더 손이 많이 간다. 삼나무를 심어 몇 년 정도 자랐을 때 아래쪽 가지를 남기고 중간의 줄기는 잘라 버린다. 그렇게 해서 키우면 남겨진 아래쪽 가지에서 다시 싹이 나온다. 이 싹을 위에서 설명한

** 　무로마치시대 후기에 센노리큐(千利休, 1522~1591)에 의해 완성된 차노유(茶の湯)라는 일본의 전통 다도(茶道)와 더불어 성립된 다도를 행하는 초암풍(草庵風)의 작고 소박한 의장의 차실(茶室)을 스키야(數奇屋)라고 불렀다. 건축 용재를 인공적으로 가공하는 것을 최소한으로 하여 자연 그대로의 형태를 이용하는 것이 의장의 핵심이다. 이후 이러한 의장 수법이 지배계층인 무사의 쇼인즈쿠리(書院造) 주택에도 도입되었는데 이것을 스키야즈쿠리(數奇屋) 혹은 스카야풍 쇼인즈쿠리라고 하며, 교토의 가츠라이궁(桂離宮, 17세기)이 대표적인 사례이다.

　호류지를 지탱한 나무

기둥 용재와 같이 끝부분에만 가지를 남기고 나머지 가지를 전부 잘라 내며 키워서 서까래 용재를 만들어 간다. 20~30년이나 지나야 겨우 지름 3~4cm 굵기가 되기 때문에 일종의 분재와 같은 재배법을 생각하면 이해하기 쉽다. 아래의 밑둥치는 수백 년이나 간다고 한다. 이것이 다이스기 재배법이다.

생장을 희생하고 모양의 아름다움을 추구하며 키운 기타야마 삼나무에 대해 설명했다. 그러나 그것만으로 성능은 충분하지 못하다. 차실(茶室) 건축의 깊은 처마를 지탱하기 위해서는 나무가 가늘면서도 튼튼하지 않으면 안 된다. 그러나 자연물의 성질을 바꾸는 것은 불가능에 가깝다. 그 역할을 기타야마 삼나무는 확실히 해내고 있다. 교토 부근에서 자란 보통의 삼나무와 서까래 용재의 강도를 비교해 보면, 다이스기 방식으로 키워낸 용재가 휨강도는 약 30%, 충격강도는 2배 정도나 크다는 것이 내가 수행한 실험 결과에서 확인되었다. 이것은 경이로운 것이다.

나라현의 요시노 삼나무 역시 마찬가지이다. 이곳에서는 나다(灘)의 명주(名酒)와 더불어 예술품이라고 부를 만한 술통의 용재를 키워 왔다.

해마다 수확할 수 있는 농작물과 달리 수십 년이라는 오랜 세월에 걸쳐 세심하게 나무를 키우는 방식은 세계에서도 그 예가 드물 것이다. 이렇게 나무를 키우는 기술이 발달한 배경에는 나무를 좋아하고 나무를 사랑하며, 그것을 단지 구조재가 아니라 미술 재료로서 높이 평가한 대중이 있었기 때문이라고 보아도 좋을 것이다. 정말로 일본인은 나무 안에서 살아온 민족이다.

나무와 디자인

산업혁명 이래 기계는 사람들의 생활을 풍요롭게 하는 요술 방망이 역할을 했고, 그 진보는 곧 인류의 행복으로 이어진다고 믿었다. 과거 100년 동안 우리는 어떤 의문도 없이 그것을 믿어왔다. 그 신앙이 틀리지 않았다는 것은 인류가 드디어 달에 도달하면서 증명된 것처럼 보였다. 분명 과학의 승리를 확신하는 성과였다. 그러한 배경에서 사람들이 무엇보다 확실하게 의지할 수 있는 것은 공학적인 사고방식이었고 또 그렇게 믿는 것이 당연했다. 그리고 수량적으로 증명할 수 있는 것에 진리가 있고 그것만이 올바른 것이라는 사고방식이 널리 퍼져 있었다.

그러나 최근 그것이 전부가 아니라는 반성이 일고 있는 듯하다. 고도경제성장 아래에서 목적을 달성하기 위한 가장 유력한 무기는 공학적인 발상과 공학기술이었다. 그러나 지금은 공학기술 방면으로 지나치게 치우치고 있는 것에 대해 여러 가지 측면에서 재평가가 이루어지고 있는 듯하다. 그것을 보완하기 위한 가장 유력한 방법의 하나로 들 수 있는 것이 생물학적 발상일 것이다. "20세기는 기계문명의 시대였지만 21세기는 생물 문명의 시대가 된다."라고 한다. 이것 역시 생물학적 발상의 대안적 가치를 시사하는 말이라고 봐도 좋을 것이다.

이것은 디자인 분야에도 적용된다. 지금부터 설명하는 대상이 조금 편향되기는 하지만 내가 연구하는 분야와 관련된 인테리어를 예로 들어 생각해보자. 조금 억지스럽기는 하지만 디자인 전반에도 공통되는 것이 있다고 생각한다.

생물학과 건축이라면 지금은 별로 관계가 없는 존재인 것처럼 인식되고 있다. 그러나 과연 그럴까?

호류지를 지탱한 나무

동물학은 이전에는 주로 의학의 보조 수단으로 발달한 측면이 있다. 18세기 이래의 비교해부학이나 19세기에 들어와서 발전한 비교생리학은 그러한 배경에서 출발한 학문이다. 그러나 그 과학은 현재는 더욱 범위를 넓혀 인간의 생존 방식이나 인간관의 형성에도 기여하게 되었다. 이것은 식물학에서도 마찬가지이다.

그러나 지금까지는 건축과 관계되는 생물학의 범주라는 것이 동물학에서는 건축물의 해충, 식물학에는 조경 분야 정도밖에 없다는 단순한 인식만 있다. 그런데 이것은 조금 근시안적인 것이 아닐까 하고 생각한다.

지금까지 건축은 예술성과 공학적인 기술에 중점을 두어 왔다. 건축학이 하나하나 독립된 건물을 만드는 기술이었던 단계까지는 그래도 괜찮았을지 모른다. 하지만 건축학이 한편에서는 도시라는 공간까지 확대되고, 다른 한편에서는 인테리어라는 작은 공간까지 세분된 지금, 그 기저에 생물학적인 관점과 사고방식이 든든히 뿌리내리고 있지 않으면 건축도 인테리어도 진정으로 인간을 위한 것이 될 수 없다는 반성의 움직임이 움트고 있다.

생각해보면 우리 생활의 대부분은 생물적 기호에 따라 호불호가 결정되는 경우가 더 많다. 다만 종래의 공학적인 입장에서는 그런 애매함은 기술로서 인정받지 못했다. 따라서 어떤 식으로든 수량으로 표현하려고 하지만 지금의 기술 단계에서는 아무리 생각해도 납득할 수 없는 부분은 여전히 남는다. 그 부분을 메우는 수단이 종종 예술이라는 이름 아래 단지 멋있다는 것과 슬쩍 치환되는 염려도 있었다. 그러나 새로운 생물학은 그러한 애매함에 대해 한 가지 근거를 제시할 수 있는 가능성을 가지게 되었다. 그리고 동시에 수량으로 명확히 할 수 있는 것만이 과학의 모든 것은 아니라는 것을 가르쳐 주게 되었다.

　지금의 도시공간을 예로 들어보자. 브라질리아(Brasilia)*는 모든 기술을 구사해 21세기 꿈의 도시로 만들어진 것이 분명했다. 그런데 실제로 완성되고 나서 보니 사람들이 도저히 정착해서 살 수 없었다. 이유를 조사해 보니 일상의 골목 같은 공간이 없었기 때문이라고 한다. 편하게 사람과 사람이 만날 수 있는 조금은 세련되지 않은 한적하고 구석진 곳이 없고, 시가지의 분위기나 주변의 인공호수도 격식 차린 옷을 입어야 나갈 수 있는 차가운 아름다움으로 과하게 정돈되어 있었다. 있는 그대로의 사람 냄새 나는 물웅덩이와 같은 장소가 결여된 것이 원인이었다고 한다.

　그런 이야기는 우리 주변에도 적지 않은 듯하다. 도쿄의 신주쿠(新宿) 부도심개발이 이루어지고 1년 뒤의 반성은 예상했던 것만큼 많은 사람이 오지 않는다는 것이었다. 원인은 사람들을 불러들일 수 있는 무언가가 아직 부족하다는 것으로 분석되었다. 서민적인 것, 예를 들어 붉은 초롱을 건 주점이나 밥집 같은 것이 없다는 것을 깨달았다는 것이다. 주

---

*　브라질의 수도로, 황량한 고원지대에 1956년부터 1960년까지 5년 만에 완성한 계획도시이다. 브라질 출신의 루시우 코스타(Lúcio Costa)와 오스카 니마이어(Oscar Niemeyer)가 각각 도시설계와 주요 공공건축물의 설계를 맡았다. 코스타는 도시 전체를 '파일럿 플랜(Pilot Plan)'이라는 날개를 편 제트기 모양으로 설계했고, 오스카 니마이어가 설계한 건축물은 21세기를 시향하는 초현대적 디자인으로 유명하다. 그러나 100% 계획도시로서 시간이 지나면서 전반적으로 자연과 인간미가 결여되고, 공공을 위한 광장이나 공원이 부족하며, 인간미를 풍기는 후미진 골목 같은 공간이 전혀 없다는 등의 비판을 받았다. 그럼에도 초현대적 건축 디자인과 독특하고 예술적인 도시설계로 그 가치를 인정받아 1987년 유네스코 세계유산목록에 등재되었고 2017년에는 디자인 도시(City of Design)로서 유네스코 창의도시 네트워크(UNESCO Creative Cities Network)에 가입되었다.

　　　　　　　호류지를 지탱한 나무

거환경이 아름답게 되어 있다는 것은 분명 바람직한 것이지만 예술 제일주의 아래에서 서민들은 좀처럼 살 수 없다. 서민은 인간이기 이전에 생물이고 생물은 본래 훨씬 소박한 존재라는 것이 어느새 잊혀져 버렸다는 것을 깨닫게 되었다.

이상은 도시 이야기였는데 바로 주위의 인테리어에서도 같은 문제가 있다. 우리는 여태껏 철과 유리와 콘크리트로 둘러싸인 공간이 시대의 첨단을 달리는 문명을 상징하는 이미지라고 생각했다. 그러나 사진으로만 멋지게 나올 뿐 어딘가 안정되지 않는 부분이 있다. 공공건축과 같이 낮시간에 주로 이용하는 건물은 그런대로 참을 수 있어도, 주택처럼 저녁의 생활이 이루어지는 건물로서는 왠지 모르게 친숙해지기가 어렵다. 저녁이 되면 사람은 원시로 되돌아간다. 차가운 무기질 재료로 둘러싸인 무대장치와 같은 인테리어보다는 나무나 면포와 같은 소박한 재료로 둘러싸인 수수함 속에 인간의 본질이라고 할 만한 무언가가 깃들어 있다는 것을 깨닫게 된다. 그것은 어떻게 보면 생물적 후각이라고 하는 편이 더 정확할지 모르겠다.

이미 종래의 건축학은 한편에서는 도시로, 다른 한편에서는 인테리어로 영역이 확장되었다. 그래서 건축이 사람들과 접촉하는 면이 현저하게 늘어났다. 이와 더불어 기초학문으로서의 생물학이 더욱 필요하게 되었다. 과학기술의 첨단을 달리는 자동화의 모델이 의외로 원시적인 생물체의 구조에 있다는 것은 이미 잘 알려진 사실이다. 마찬가지로 건축이나 도시 구성의 원리도 주변 생물의 생태 속에 숨어있을 것 같은 생각이 된다. 그러나 그것을 응용하는 방법은 피상적이어서는 안 된다. 예를 들면 세포 조합의 모식도를 보고 그대로 인공토지 계획에 적용하고 그것에 그럴듯한 핑계를 달거나, 곤충 생태의 극히 일부만 관찰하고 나서 도시에 사는 사람들의 생활 원리를 도출해 내거나 하는 따위가 그러하다. 그런 천박한 지식의 응용방식은 엄중히 삼가지 않으면 안 된다. 생물계나 자연의 섭리는 훨씬 깊고 신비하기 때문이다. 우리가 그 근저를 흐르는 기본 원리를 이해하지 않고 얕은 생각으로 자연을 모사하는 것에 그치게 되면 피해를 당하는 것은 민중이라는 것을 절대 잊어서는 안 된다.

생물적 재료학

생각해보면 지금까지 도시는 인간 주위에 생물적인 것이 존재하는 것을 거부하는 공간이었다. 이러한 인간 소외 환경은 흙이 생명체라는 것을 잊었을 때부터 시작된다. 그런 환경은 원래 일본인의 기질에는 맞지 않았다. 우리 조상은 나무 한 그루, 풀 한 포기에 감동하고 자연과 더불어 살아온 민족이기 때문이다. 그것이 지금 급격히 비생물적인 환경으로 변하고, 전통문화의 본질조차도 그 형태가 변하려고 한다.

이것에 대해 도시 안에 자연을 남겨두면 되지 않는가 하는 의견이 있다. 그런데 그 해결법이라는 것이 공학적인 발상에서 보면, 개발지의 한가운데만 불도저로 밀지 않고 수호신을 모시는 숲을 남겨두면 되지 않겠느냐는 생각으로 나타난다. 그러나 생물학적 입장에서 보면 생물사회는 그렇게 단순하지 않다. 그 숲은 넓은 지역의 생태계 중의 일부로 살아왔기 때문에 주위와 단절되어 녹색 섬이 되면 원래의 모습을 잃고 결국은 완전히 다른 숲으로 되어버린다. 그것은 더 이상 자연이 아니다.

생물학자의 주장에 의하면 자연은 아주 오랜 역사 속에서 완성된

호류지를 지탱한 나무

미묘한 균형의 세계이며, 단순히 그 요소들만 끌어다 모아 놓는다고 해서 자연이 되는 것은 아니다. 계곡의 물이 소나기 정도로는 탁해지지 않는 것은 흙 속에 사는 무수한 작은 동물이나 미생물 때문이다. 나무는 잎을 떨어뜨리고 다시 그것을 양분으로 흡수한다. 그런 순환이야말로 진정한 자연의 모습이다. 공원이나 골프장에 숲은 있어도 흙이 죽어 있기 때문에 소나기가 내리면 바로 물이 탁해진다. 가짜 자연에 불과하다는 것이다.

생각해보면 지금까지 도시나 건축을 너무 공학적인 대상으로 생각한 경향이 있었다. 대지는 생명체라는 것을 잊은 채 단순히 도시와 건축을 받치는 지지물이 되어갔다. 인공토지가 그러한 예이다. 흙은 살아있지만 콘크리트는 죽은 것이다. 그 간단한 원리가 간과되고 있었다.

잘 알고 있듯이 바닷가에 숲이 있으면 물고기가 모인다. 이것이 어촌림(漁村林)이다. 물고기가 오는 것은 숲에서 흘러나가는 미생물이 먹이가 되기 때문인데, 그러한 원리를 망각하고 방파제를 녹색으로 칠하면 물고기가 온다고 생각한 지혜로운 이들이 있었다. 이것이 어촌림의 방파제가 녹색 페인트로 칠해진 까닭이다. 이것과 비슷한 예가 고속도로 절개지의 콘크리트 옹벽을 녹색 페인트로 칠하는 것이다. 여름에는 주위의 풀에 가려서 잘 보이지 않지만 겨울이 되면 아주 부자연스럽고, 운전할 때 커브 길에서 갑자기 눈앞에 녹색 벽이 나타나 섬뜩 놀라기도 한다. 위의 두 가지 사례가 단순한 웃음거리이기는 하지만, 그 밖에도 도시 문화 속에 자연 같은 무언가를 가져다 놓은 사례 중에서 결코 웃기는 이야기로만 그치지 않는 경우는 많다.

원숭이 동물학의 대가가 하는 이야기를 듣고 있으면 '개구리와 같은 고급동물은'이라는 말이 자주 나온다. 그분은 바퀴벌레조차 고급동물이라고 한다. 우리는 흔히 '짐승만도 못한'이라는 말을 하는데, 여기에는 짐승은 인간보다 훨씬 하등동물이라는 전제가 깔려 있다. 이런 사고방식에서는 개구리는 짐승보다도 하등이며, 바퀴벌레는 그보다 몇 단계나 더 하등이다. 그럼에도 바퀴벌레는 사람이 감당하기 어려울 정도로 고급이라고 이 동물학의 대가는 말한다. 이것은 많은 것을 생각하게 하는 이야기이다. 사람들은 지금의 사회는 인간 중심이라고 하면서도, 인간은 아주 정밀한 기계로 간주할 수 있기 때문에 컴퓨터로 분석하면 인간의 동작을 파악하는 것이 가능하다고 믿고 있다. 그러나 실제로는 그렇게 하등인 바퀴벌레조차도 계산기로 완벽하게 분석해 낼 수 없다는 것을 그 대학자가 가르쳐주고 있는 것이다. 그런데도 우리는 인간이 컴퓨터로 파악될 수 있다고 믿고 있는데 이것은 공학교육이 빠지기 쉬운 숫자 과신의 함정이 아닐까?

이번에는 지금까지 설명한 것과 같은 생물학적 사고방식을 접목하면 종래의 재료학에 어떠한 새로운 식견을 보탤 수 있을까에 관한 한 가지 시험을 해보자. 우리는 여태껏 재료를 물리적, 화학적인 측면에서 다루고 성능을 수량적으로 표시해 평가해 왔다. 그런데 이번에는 사고방식을 바꿔 먼저 중심에 인간을 두고 가장 가까운 곳에 친숙해지기 쉬운 재료를 두고 그 바깥으로 가면서 덜 친숙한 재료를 순차적으로 늘어놓으면 어떤 패턴이 생길지 생각해보자.

사람에게 가장 가까운 곳에는 먼저 생물 재료가 오게 된다. 사람은 원래 생물이기 때문에 나무나 면포 같은 생물 재료가 피부에 가장 잘 맞고 마음도 안정되기 때문이다. 그런데 나무 다음에 놓일 것은 무엇일까? 그것은 자연재료이다. 자연재료의 대표적인 것은 흙인데 흙 역시 살아 있다. 그 안에는 무수히 많은 미생물이나 작은 동물이 살고 있기 때문이

호류지를 지탱한 나무

다. 흙이 죽으면 사막이 되지만 죽은 흙도 불이라는 생명의 손이 더해지면 다시 한 번 생명을 가진 도자기가 되어 우리 가까이로 다가온다. 돌에는 불가사의한 매력이 있는데, 이것 역시 지구라는 커다란 가마에서 만들어진 도자기라고 생각하면 그 매력의 비밀은 왠지 모르게 이해할 수 있을 것 같기도 하다. 그러면 돌의 반대편에 서 있는 것은 무엇일까? 그것은 철이다. 그리고 콘크리트이고 유리이다. 이것은 모두 자연 안에 있던 재료를 가공한 것이다. 그래서 우리는 그 정도로 피부에 거스르는 것은 지니지 않는다.

그런데 다음에 놓이는 것은 무엇일까? 상당한 거리를 두고 플라스틱이 놓일 거라고 생각한다. 그것은 이미 생물적 후각을 넘어 한참 멀리 있는 재료라고 할 수 있다. 뭔지 모르지만 피부에 익숙해지지 않는 무언가가 있기 때문이다. 지구의 표층에서 수직방향으로 멀리 있는 존재일수록 인간의 신체와 맞지 않는다는 설이 있다. 땅속 깊은 곳에서 뽑아 올린 석유 생산물이나 중금속이 그렇다. 지구 표면에 수평으로 존재하는 것일수록 사람과 친근하며 그중 가장 피부에 잘 맞는 것이 생물 재료라고 한다. 이처럼 넓은 시야에서 보는 것도 필요하지 않을까?

이상은 생물학의 입장에서 사람을 중심에 두고 재료를 태양계처럼 배열해 본 것인데, 실제 건물을 조사해 보면 우리는 무의식중에 이렇게 원심적으로 재료를 선택하면서 환경을 만들고 있다는 것을 깨닫게 된다. 만약 그렇다면 저렇게 별것 없어 보이는 재료학 안에서도 생물학적 발상은 도움이 될 수 있을 듯하다. 그리고 나무라는 재료의 위치도 더욱 분명해진다.

지금까지 생물학적 발상의 효용에 대해 설명했다. 그런데 아쉽게도 지금의 생물학이 그대로의 모습으로 디자인이나 재료학에 도움이 될 것이라고 기대하는 것은 무리일 듯하다. 여기서 내가 말하고 싶은 것은 생물학 그 자체가 아니라 생물학적 입장에서 보는 방식과 사고방식이 사람과 디자인 사이의 간격을 메워 줄 가능성을 가지고 있다는 것이었다. 만약 그렇다면 건축도 인테리어도 디자인도 교육 체제상 공학부문에 속해 있기 때문에 생물학과 관련이 없다는 생각은 바꾸는 것이 좋지 않을까 하고 나는 생각한다.

마지막으로 생물학에 대해 바라는 것이 있다. 그것은 우리 생활에 가장 밀접한 생태학이나 생리학의 원리를 일반인들도 알기 쉽게 설명하는 것이다.

"지금의 생물학은 사물학(死物學)이며, 동물학은 동물원학(動物園學)이다."라며 험담하는 이들이 있는데 만약 그렇다면 일반인은 생물학에 매력을 느낄 수 없을 것이다. 앞으로는 더욱 넓은 의미에서의 생물학이 건축이나 디자인의 기초학으로서 그 중요성이 커질 것이다. 다만 그 분야를 개척하고 둘 사이의 간격을 메울 사람은 순수한 생물학자가 아니라 생물학을 배운 건축이나 디자인 분야에 속하는 사람이어야만 한다고 나는 생각한다. 왜냐하면 무엇인가를 사용하는 쪽의 진정한 요구는 그 입장의 사람이 아니면 알 수 없기 때문이다.

호류지를 지탱한 나무

제 4 장

나무는 살아 있다

생물 재료

호류지 수리 경험을 통해, 또 호린지와 야쿠시지 재건을 통해 니시오카는 나무의 수명이 철보다 길다는 걸 깨달았다. 이유는 나무는 벌채했을 때 제1의 생이 끝나지만 건물에 사용되면서 다시 제2의 생이 시작되어 그 후로도 몇백 년이나 살아갈 수 있는 힘을 가지고 있기 때문이라고 했다. 그리고 나무의 제2의 생명은 히노키는 족히 천 년을 넘기지만 삼나무나 소나무는 그것보다 못하고 느티나무는 더욱 수명이 짧다고 한다.

이것은 니시오카의 오랜 경험에 의한 직관적 결론이다. 나 역시 나무의 제2의 생에 관심 두고 10여 년에 걸쳐 목재의 노화에 관한 연구를 해왔다. 결론은 니시오카의 직관을 뒷받침하는 것이었다.

나무는 사람 냄새 나는 재료이다. 1300년 된 호류지의 옛 기둥과 새 히노키 기둥 중에서 어느 쪽이 강한지 물으면 새 기둥이라고 대답할 것이 분명하다. 그러나 그 대답은 틀렸다. 왜냐하면 나무는 벌채한 후 200~300년까지는 휨강도나 경도가 점점 올라가 2배 정도나 상승한다.

그리고 이 기간이 지나면서 전체적으로 약해지기 시작하는데, 그 하향 곡선의 한 지점에 지금의 호류지 용재가 위치하고 있으며, 그 값이 바로 신재의 강도와 같아져 있기 때문이다.

바이올린은 오래되면 소리가 청아해진다고 하는데 이것 역시 같은 원리로 증명할 수 있다. 소리가 좋아지는 것은 어느 시기까지이며, 무한대로 계속 좋아진다는 생각은 착각이다. 나무 강도의 변화 과정은 아주 생물적이다. "무엇보다 오랜 경험이 소중하다."라는 말이 있는데, 나무는 이 말이 딱 들어맞는 재료이다. 나무의 경년변화(經年變化) 과정이 사람의 뼈가 나이가 들면서 딱딱해지다가 점차 약해져 가는 것과 아주 비슷하다는 점은 흥미롭다.

또 이런 이야기도 있다. 바이올린은 배판(背板)은 단풍나무, 복판(腹板)은 가문비나무로 만든다. 일본의 히노키는 세계적으로 우수한 재목이기 때문에 어떤 명장이 오랫동안 히노키로 바이올린 만들기를 시도했는데 어떻게 해도 일본풍의 음이 난다고 했다. 생각해 보면 가문비나무로 바이올린을 만들고 거기에서 서양의 음악이 만들어졌기 때문에 다른 수종으로는 무리라는 것은 알 수 있다. 그런데 히노키가 일본풍의 음을 내고 바이올린이 버터 냄새나는 음색을 낸다는 것은 재미있는 이야기이다.

무기질 재료는 새것일 때 가장 강하고 시간이 지날수록 약해지는 것이 일반적이다. 기계도 마찬가지로 새것일 때 가장 성능이 좋다. 이러한 물건의 가치는 시간의 경과와 더불어 직선적으로 저하된다. 그런데 기계를 사용하는 사람은 처음에는 능률이 오르지 않다가 점차 익숙해지면서 상승 곡선을 그린다. 이것에 대한 연구는 인간공학의 영역이지만, 무기질 계통 재료와 생물 계통 재료의 경년변화 특성 곡선에 커다란 차

호류지를 지탱한 나무

이가 있는 것은 흥미롭다.

과학기술의 급속한 진보로 우리는 모든 대상을 물리적, 화학적으로 분석하면 그것으로 충분하다고 과신해 온 경향이 있었다. 그러나 생명을 가지고 있던 것은, 예를 들어 나무와 같은 단순한 재료라도 무기질 재료와 달리 하나의 신비로운 세계를 가지고 있는 듯하다. 그런 견해가 더해지면 인간 소외라는 지금의 환경은 좀 더 정감 있게 되지 않을까 하고 나는 생각한다.

나무는 사람과 마찬가지로 생물이고 이전에 생명을 가지고 있던 세포가 무수히 모여 이루어진 재료이다. 나는 이러한 것을 생물 재료라고 부르는데, 면포나 비단도 나무와 마찬가지로 생물 재료이다. 대개 이러한 재료는 물리, 화학 실험의 성적에서는 최상위가 되지 않는다. 그러나 종합적으로 보면 가장 우수한 인간 친화적인 재료라는 점에 대해서는 앞의 "제2장 나무의 매력"에서 설명했다.

인류학 이야기를 할 때 버터 냄새나는 얼굴, 일본적인 얼굴, 넙대대한 얼굴이라고 하면 아주 쉽게 이해된다. 그러나 이러한 문학적인 표현으로는 학문이 될 수 없다는 뿌리 깊은 풍조가 있다. 그래서 얼굴의 뼈를 정밀하게 측정해 계산기를 돌리게 되는데, 아무리 계산기를 돌려도 버터 냄새나 일본인다움은 절대 도출되지 않는다. 이것은 분석적 수법으로는 한계가 있다는 것을 의미한다. 따라서 재료를 선택할 때는 지금까지의 분석적인 평가 이외에 다른 어떤 하나를 더해 종합적인 관점에서 평가하지 않으면 안 된다. 즉 종합과 분석을 아우르는 평가가 필요하다는 것이다. 그것은 특히 무엇인가를 설계하는 입장에 있을 때 잊어서는 안 되며, 나무는 분명 말없이 그것을 가르쳐주는 재료라는 생각이 든다.

대부분의 재료는 비바람을 맞으면 풍화되어 모습이 추해진다. 공업재료는 특히 그러하다. 그런데 돌이나 나무와 같은 자연 재료는 그 사이에 다른 아름다움이 더해진다. 자연 재료 중에서도 나무나 종이와 같은 생물 재료는 대기 중에서 시간의 경과와 더불어 일종의 풍격이라 부를 수 있는 것을 갖추면서 우리들의 마음을 매료시킨다. 이 표면의 변화에 대해서는 '와비', '사비'의 관점에서 종종 언급되어왔지만 그 내부에서 일어나는 재질의 변화에 대한 설명은 거의 없었고 단순히 재료의 물리적 성질이 나빠지는 열화(劣化)의 과정으로만 알고 있었다.

오랫동안 나무를 다뤄왔던 사람은 나무는 조금 사정이 다르기 때문에 그 변화는 무기질 재료처럼 단순하지 않다는 것을 알고 있었다. 그러나 그것은 체험을 통해 얻은 것이기 때문에 다른 사람을 설득하기에는 근거가 부족했다. 나는 이 점에 흥미를 가지고 목재의 노화를 조사해 보았다. 대기 중에 놓인 목재의 재질이 천 년이 지나면 어떻게 변하는지, 또 땅속에 묻어 수만 년이 지나면 어떻게 변해 가는지를 밝히는 것이었다. 즉 나무의 제2의 생을 추적해 보려는 것이다.

시험 재료

이 연구에 대해 설명하려면 우선 시험 재료에 대해 명확히 해 둘 것이 있다. 시험 재료는 소위 고재(古材)라 불리는 것인데 그것에는 두 종류가 있다. 하나는 오래된 건물에 사용된 목재이고, 다른 하나는 땅속에 묻혀 오랜 세월이 경과한 것이다. 먼저 건축재료는 아스카시대부터 에도시대까지 지어진 오래된 건물에 사용된 목재이다. 구체적으로는 기둥이나 보, 서까래 등의 한 부분이라고 생각하면 된다. 이 시험재들은 사찰 건물

호류지를 지탱한 나무

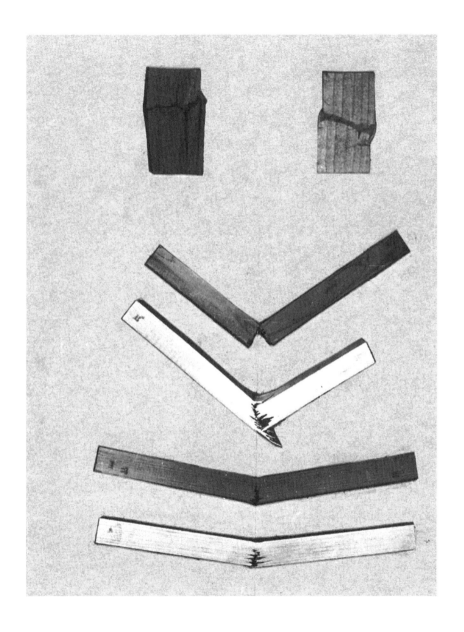

강도 시험의 파괴 형태 차이. 호류지 용재와 히노키 신재의 비교.
위에서부터 압축시험, 충격 휨 시험, 휨 시험

을 해체 수리할 때 수집한 것으로 침엽수가 약 100개, 활엽수가 약 20개에 이른다. 수집 시기는 1945년부터 1955년까지 약 10년간이었다. 그런데 큰 사찰 건물을 해체하더라도 거기에서 얻을 수 있는 시험재는 한두 개밖에 안 된다. 왜냐하면 건물 전체가 동일한 시대에 건립되었고, 용재의 종류는 한두 가지밖에 안 되기 때문이다. 이 시험재들은 수십 곳에 이르는 옛 사찰이나 신사 수리 때 수집한 것이다. 참고로 그 목록을 책 맨 뒤에 부록으로 실어 두었다.

다음으로 땅속에 묻힌 소위 매몰재(埋沒材)는 대부분 유적에서 발굴된 것이었다. 경과 연수는 수백 년에서 수만 년인데 그 가운데 연대 추정이 확실한 것 약 40개가 시험재로 사용되었다.

그리고 풍화와 노화의 차이에 대해 간단히 설명해 두겠다. 풍화는 재료의 표면에 가까운 부분에서 시작되는 분해작용을 말하며, 노화는 햇빛이나 비바람과 상관없이 재료의 안쪽에서 오랜 세월 동안에 일어나는 재질의 변화를 말한다. 호류지 기둥을 예로 들어 설명해 보자. 기둥의 표면은 회색을 띠고 있지만, 대패로 한 겹 깎아 내면 그 속은 갈색으로 되어 있고 이 색조는 중심에 이르기까지 한결같고 변화가 없다. 이 경우 표층 부분의 변화가 풍화이고 내부의 변화가 노화에 해당한다. 뒤에서 설명하는 노화 데이터는 안쪽의 갈색으로 되어 있는 부분에 관한 것이다.

시험 결과에 대해서는 먼저 건축 고재의 노화에 대해 설명한 다음 매몰재의 노화 특징을 다루겠다. 그리고 건축 고재 중에서도 침엽수와 활엽수 사이에는 현저한 차이가 있기 때문에 침엽수의 대표로 히노키를, 또 활엽수의 대표로 느티나무를 들어 이 둘을 비교하면서 목재의 노화가 어떤 것인지를 설명하겠다.

호류지를 지탱한 나무

강도의 경년변화

목재가 오래되면 강도가 어떻게 변하는지는 가장 흥미로운 주제이며 실용적인 면과도 관계가 깊기 때문에 이것부터 살펴보자. 히노키를 대상으로 시험한 결과를 정리해 보면 아래의 그림과 같다. 이것을 통해 알 수 있는 것은 휨, 압축, 경도 등의 강도는 모두 200년 정도까지는 천천히 커져 최대 30% 가까이 강해진다는 것이다. 그 뒤로 강도는 저하되기 시작해 1000여 년을 지나서야 비로소 신재와 같은 강도로 돌아오는 것이다. 한편 충격에 대한 강도는 166쪽의 그림과 같은데 300년 정도까지는 30% 정도 저하되고, 그 이후는 거의 변하지 않는다. 즉 히노키는 오래될수록 딱딱하고 강하고 또 질겨지지만, 한편으로는 그것과 나란히 부서지고 갈라지기 쉽게 되어간다는 것을 보여주고 있다. 따라서 호류지의

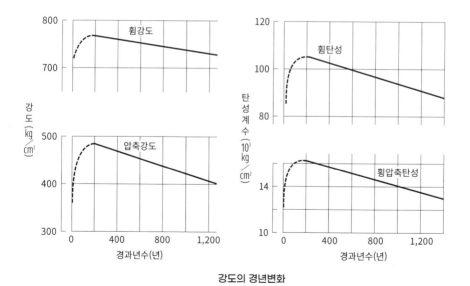

강도의 경년변화

건축 용재는 일부 강도를 제외하고 창건 당시와 비교해서 거의 변하지 않았다는 것이 된다. 이것은 실로 놀랄 만한 것이다.

활엽수의 경우 느티나무의 강도 경년변화를 보면 167쪽의 그림과 같다. 모든 강도가 신재일 때에는 히노키의 약 2배이지만 전체적으로 열화가 빠르게 진행되기 때문에 수백 년도 지나지 않아 히노키보다도 약해져 버린다. 느티나무는 오히려 상식적으로 생각할 수 있는 경년

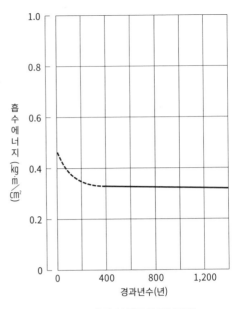

충격 휨 강도의 경년변화

변화의 형태를 갖는다고 할 수 있다. 그런데 히노키와 느티나무의 경년변화의 모양이 이렇게 다른 이유는 무엇일까? 먼저 화학적 조성 성분을 살펴보자.

히노키의 화학적 조성 성분의 경년변화는 168쪽의 왼쪽 그림과 같다. 즉 셀룰로오스는 감소하고 그 대신 각종 추출물이 증가한다. 그리고 리그닌은 변하지 않고 거의 일정하다. 추출물은 셀룰로오스가 붕괴된 것이기 때문에 목재 전체로 보면 증감은 없다.

다음으로 느티나무에 대해서 살펴보면 168쪽의 오른쪽 그림과 같다. 조성 성분이 증감하는 경향은 히노키와 비슷한데, 속도에는 큰 차이가 있으며 열화가 현저하다. 둘 사이에 이러한 차이가 나타나는 것은 셀룰로오스의 붕괴에 대한 저항력이 다르기 때문이다. 붕괴의 속도를 비

호류지를 지탱한 나무

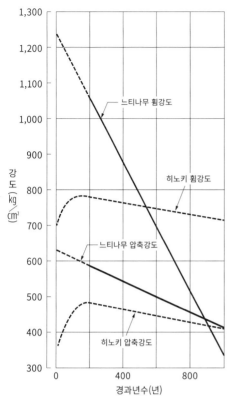

히노키와 느티나무 강도의 경년변화 비교

교해 보면 히노키와 느티나무가 대략 1:5의 비이다. 이것은 다르게 말하면 히노키의 500년간의 노화는 느티나무의 100년간의 노화에 상당한다는 것이다.

강도를 지배하는 최대의 조성 성분은 당연히 셀룰로오스이기 때문에 그것에 대해서도 조사해 보자. 이와 관련하여 우선 결정영역(結晶領域)의 변화에 대해 설명한다.

앞에서 목재는 오래될수록 셀룰로오스가 붕괴되어 점차 약해진다고 했다. 그러나 그것만으로는 강도가 일단 강해지는 이유를 설명할 수 없다. 강해지는 것은 붕괴와 동시에 셀룰로오스 내부에 결정화(結晶化)가 일어나기 때문이다.

목재의 주성분은 셀룰로오스이다. 셀룰로오스는 긴 사슬 모양의 분자이기 때문에 실처럼 생겼다고 생각하면 이해하기 쉽다. 세포벽은 이런 사슬 모양의 실이 나란히 배열되어 이루어져 있다. 배열 방식이 규칙적인 부분이 결정영역, 흐트러져 있는 부분이 비결정영역인데, 목재는 대기 중에 오래 방치되어 있는 동안 비결정영역의 분자가 조금씩 결합되고, 결정영역은 극히 적은 양이지만 증가해 간다. 그러나 이렇게 결정

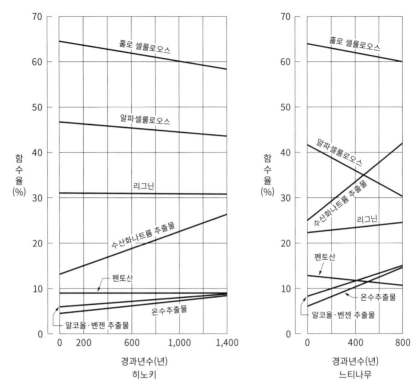

히노키와 느티나무 조성 성분의 경년변화

영역이 증가하더라도 어느 단계에서 포화상태에 이르면 그 이상은 증가하지 않는다. 이런 양상은 169쪽의 그림에서 알 수 있다. 목재는 이 결정 영역이 증가하면서 재질이 딱딱해져 가는 것이다.

그런데 앞서 설명한 것처럼 셀룰로오스는 시간의 경과에 따라 붕괴되어 간다. 그 상태는 홀로셀룰로오스(holocellulose)*의 추이를 나타내는 그

---

* 목재 세포의 구성 물질 중에서 리그닌을 추출해 제거하고 남는 셀룰로오스와 헤미셀룰로오스(hemicellulose)의 혼합물

호류지를 지탱한 나무

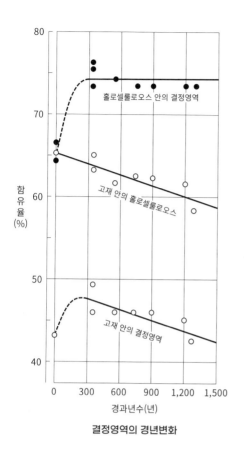

함유율 (%)

홀로셀룰로오스 안의 결정영역

고재 안의 홀로셀룰로오스

고재 안의 결정영역

경과년수(년)

결정영역의 경년변화

래프 모양과 같다. 그렇다면 목재는 오래되면 한편에서는 약해지는 인자가 작용하지만 다른 한편에서는 강하게 되는 인자도 작용한다. 이 둘의 상호작용에 의해 강도가 결정된다. 그렇게 생각하면 경년변화의 곡선이 일단 상승하다가 그 이후에 하강하는 이유도 이해할 수 있다. 왼쪽 그림의 맨 아래 경사곡선은 셀룰로오스의 붕괴와 결정화 즉 마이너스 인자와 플러스 인자를 파악하기 위해 고재 안에 존재하는 결정영역의 양을 측정한 것이다. 이 곡선과 강도의 경년변화 패턴이 매우 비슷하게 나타나는 것은 위에서 언급한 건물에 사용된 히노키 용재의 강도가 시간이 지나면서 증가하는 이유를 뒷받침하는 것으로 볼 수 있다. 그리고 히노키의 경년변화에 상승곡선이 나타나지만 느티나무에서 그것이 나타나지 않는 이유는, 느티나무는 셀룰로오스의 붕괴 속도가 빨라서 마이너스 인자가 강하게 작동하기 때문에 플러스 인자의 효과가 실험 데이터에 나타나지 않았다고 생각하면 이해가 될 것이다.

이상과 같이 본다면 결정영역의 증가를 목재의 노화를 특징짓는 한 가지 요소로 볼 수 있다. 위의 그림은 그것을 화학적 분석 방법을 통해 설명한 것인데, 이것과 밀접한 관계가 있는 다른 한 가지 측면으로 흡습성과 신축성이 있다. 이어서 그것에 대해 설명하겠다.

흡습성과 신축성

나무로 물건을 만들 때 가장 곤란한 것은 변형이다. 그것은 나무가 수분을 흡수해 팽창하거나 수축하기 때문인데 이러한 신축에는 현저한 방향성이 있어서 더욱 성가시다. 이것에 대해서는 "제2장 나무의 매력"에서 설명했다. 그런데 나무에 흡수된 수증기는 세포벽의 비결정영역 부분까지는 들어가지만 결정영역 부분에는 들어가지 않는다. 따라서 만약 고재의 결정영역이 증가해 있다고 한다면 흡습성은 줄어드는 것이 분명하다. 그리고 당연한 결과로 신축량 역시 적어질 것이다.

이러한 입장에서 조사한 결과가 171쪽 위의 그림이다. 이 그림은 시험재를 10-3mmHg의 감압 상태로 유지하면서 수증기를 조금씩 가하며 흡수시켰을 때의 경과 곡선인데, 고재는 신재보다 항상 함수율이 낮다는 것을 보여준다. 171쪽의 아래 그림은 각 시기별 고재에 대해 흡습과 탈습을 되풀이해 팽창과 수축을 22회 반복한 다음 평균 신축률을 표시한 것이다. 이 결과를 통해 신축률은 목재가 오래될수록 점차 감소해 간다는 것을 알 수 있다. 히노키를 보면 나이테 접선방향의 신축률이 신재는 6%인데, 호류지 용재는 4% 정도였다.

여기에 한 가지 짚어두고 싶은 것은 '건조 효과'에 관한 오해이다. 흔히 목재는 오래되면 신축하지 않게 된다고 하는데 이것은 착각이다.

호류지를 지탱한 나무

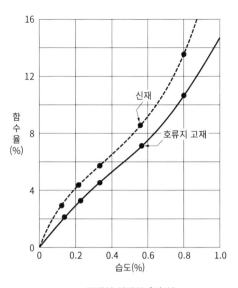

고재와 신재의 흡습성

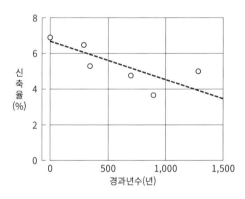

신축률의 경년변화
(나이테 접선방향의 신축률)

원래 나무는 셀룰로오스로 되어 있기 때문에 몇천 년이 지나도 수분을 흡수하고 뱉어내는 성질을 잃지 않는다. 따라서 당연히 신축한다. 다만 오래될수록 그 정도가 작아질 뿐이다. 이것이 건조의 효과이며 신축은 결코 완전히 없어지지 않는다.

앞에서 고재의 강도 특성과 그것이 변화해 가는 이유를 설명했다. 그것을 통해 알게 된 것은 건물의 수명을 길게 하려면 침엽수가 더 좋다는 것이다. 일반적으로 목재의 강도는 비중에 비례하는데, 침엽수는 가볍고 부드럽기 때문에 무겁고 딱딱한 활엽수보다는 약하다. 그러나 노화에 대한 저항은 반대로 침엽수 쪽이 더 크다. 즉 침엽수는 신재일 때에는 약하지만 오래간다는 것이다. 이유가 뭘까? 그것은 세포구조의 차이에 있다. 목재의 세포는 셀룰로오스 주머니로 리그닌이라는 접착제에 의해 서로 붙어있다. 그 덩어리가 흔히 말하는 목재이다. 침엽수는 리그닌의 함유량이 많기 때문에 리그닌이 셀룰로오스 주머니를 보호한다. 그래서 셀룰로오스가 붕괴되는 속도가 늦는 것이다. 히노키의 노화에 대한 저항이 느티나무보다 큰 것은 이것 때문이다.

이렇게 생각하면 호류지나 쇼소인 같은 고건축이 현재까지 장대하고 화려한 아름다움을 전하고 있는 것은 구조재인 히노키의 우수성에 힘입은 것이라는 것을 잘 알 수 있다. 그것이 만약 느티나무와 같은 활엽수였다면 지금의 모습을 유지하기는 아주 어려웠을 것이다.

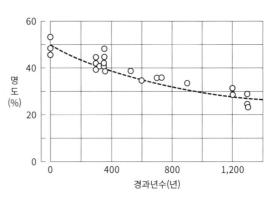

명도의 경년변화

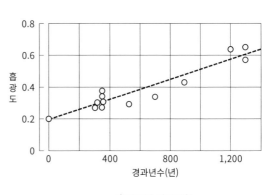

흡광도의 경년변화

다음은 색의 변화이다.

목재의 표면은 신재일 때에는 옅은 황색을 띠는 흰색인데, 오래되면 그 내부까지 전체가 갈색을 띠게 된다. 이것도 고재의 특성 중 하나이다.

색도계로 측정해 보면 고재들 간의 색도는 거의 차이가 없으며 우리가 인식하는 색의 차이는 주로 명도에 의한 것임을 알 수 있다. 고재의 표면에 반사광선을 투사해 명도를 측정해 보면, 위의 그림과 같이 목재가 오래될수록 명도가 낮아지는 것을 알 수 있다.

호류지를 지탱한 나무

다음으로 목재의 조성 성분을 추출해 그것이 빛의 투과를 차단하는 양 즉 흡광도(吸光度)를 측정해 보았다. 결과는 아래 그림과 같이 나왔다. 오래된 목재일수록 색이 진해지는데, 이것은 추출성분이 증가하기 때문이라는 것을 알 수 있었다. 즉 셀룰로오스가 붕괴되어 추출성분이 되고, 그것이 착색물질로 변해 색이 짙어지는 것이다.

위 설명에서 알 수 있듯이 착색의 정도는 목재의 노화를 가늠할 수 있는 한 가지 기준이 된다. 내가 수집한 시험 재료도 색이 짙은 순서로 나열해 보면 연대순과 거의 일치한다.

매몰재의 노화

앞에서는 땅 위에서 오랜 세월을 지낸 건축 고재를 대상으로 목재의 노화에 대해 설명했다. 그러면 땅속에 매몰되어 있던 목재의 노화는 땅 위의 그것과 어떻게 다를까?

매몰재는 대부분 물과 접촉해 있었기 때문에 물속에서의 노화로 보아도 크게 잘못된 것은 아니다. 물이 충분히 공급되면 셀룰로오스의 붕괴는 빨라진다. 게다가 셀룰로오스가 붕괴되면서 생기는 추출성분은 물에 녹기 때문에 결국은 리그닌만 남게 될 것이다. 매몰재로 시험해 보면 이러한 추측이 그대로 들어맞는다. 이것을 매몰재의 노화 특징이라고 보아도 무방하다.

땅 위 건축 용재의 경우 침엽수의 노화와 활엽수의 노화는 속도에서 상당히 큰 차이가 있었다. 그런데 매몰재의 경우에는 그 차이가 더욱 크다. 173쪽의 그림은 그것을 나타낸 것이다. 그림의 왼쪽은 땅 위의 건

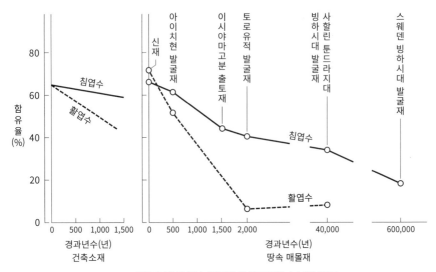

건축 고재와 땅속 매몰재의 셀룰로오스 붕괴 비교

축 부재를 대상으로 한 침엽수와 활엽수의 셀룰로오스가 붕괴되어 가는 모습을 실선과 점선으로 나타낸 것이다. 그리고 오른쪽 그림은 땅속에 매몰되어 있던 침엽수와 활엽수의 셀룰로오스가 붕괴되어 가는 경과를 비교한 것이다. 매몰재는 500년부터 60만 년까지의 것이 표시되어 있는데, 침엽수는 4만 년이 경과한 용재도 셀룰로오스는 40%나 남아있다. 그러나 활엽수는 2000년 정도에서 셀룰로오스의 대부분이 소실되어 버리고 리그닌만 남아있다.

매몰재의 이러한 사실은 유적을 발굴했을 때 잘 확인된다. 침엽수의 발굴재는 겉으로는 심하게 부패되어 있는 것처럼 보여도 눌러보면 탄력이 있고 형태는 찌그러지지 않는다. 그리고 건조시킨 뒤에도 칼로 깎을 수 있다. 신재와 다른 점은 단지 무게가 가벼워진 것뿐이다. 그것은 셀룰로오스가 감소했기 때문이다. 그런데 활엽수는 언뜻 보기에는 멀쩡

호류지를 지탱한 나무

한 것 같지만 손으로 누르면 부스러져 버린다. 그리고 건조시키면 수축되어 칼날이 들어가지 않을 정도로 딱딱해져 버린다. 그것은 세포벽의 셀룰로오스가 없어지고 접착 부분의 리그닌만 구멍이 숭숭 뚫린 스펀지처럼 남아있기 때문이다. 따라서 유적에서 발굴한 목재 유물은 물에 담가 마르지 않도록 주의하지 않으면 안 된다. 매몰된 나무 중에서도 원래의 형태를 충실히 남기고 있는 것이 있는데, 그것은 미립의 광물질이 셀룰로오스가 빠져나간 공극을 메우고 있기 때문이다.

노화의 메커니즘

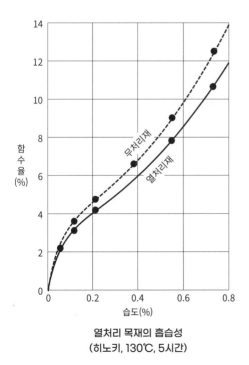

열처리 목재의 흡습성
(히노키, 130℃, 5시간)

지금까지 고재의 강도나 물리적 성질을 신재와 비교하면서 그것이 어떻게 변화해 왔는지 설명했다. 그것을 통해 목재의 노화가 어떤 것인지에 대해 대략 짐작할 수 있게 되었다. 그런데 만약 인공적으로 고재를 만들 수 있다면 노화의 정체가 무엇인지 더욱 분명히 알 수 있을 것이다. 그래서 인공적으로 고재를 재현하는 방법을 고안해 보기로 했다. 그런데 이것이 적잖이 어렵다. 나는 이 연구 도중에 고재 무더기에 둘러싸여 반년 정도를 허비했다.

그러던 어느 날 알고 지내던 가구 장인이 우연히 찾아왔다. 그는 호류지 고재를 보더니

"이것은 고타츠(こたつ)* 의 틀과 똑같지 않은가?"

라고 했다. 거기서 퍼뜩 정신이 들었다. 반응속도는 온도를 올리면 빨라지기 때문에 고재는 오랜 시간 상온의 매우 완만한 열처리가 누적되어 만들어지는 것이고, 고타츠의 틀은 고온으로 급

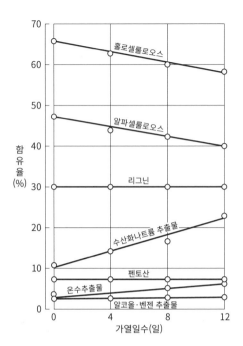

열처리에 의한 조성 성분의 변화(히노키)

속히 열처리를 한 인공의 고재로 볼 수 있다는 것이다. 그래서 목재를 낮은 온도에서 장시간에 걸쳐 열처리를 해 보았다. 그렇게 하니까 고재와 매우 비슷한 변화를 보인다는 것을 알게 되었다. 그것의 한 가지 예가 175쪽의 그림이다. 그림은 열처리에 의해 흡습성이 감소되는 것을 보여준다. 흡습성이 감소되면 당연히 신축성도 줄어든다. 그리고 오른쪽 그림은 조성 성분의 변화인데 그 경향은 고재와 완전히 일치한다. 그밖에 색이나 강도에 대해서도 같은 경향을 갖는다는 것이 확인되었다.

---

* 나무로 탁자 모양의 틀을 짜고, 속에 열원을 넣고 겉에 이불을 덮은 일본의 고유한 난방기구

호류지를 지탱한 나무

이것과 관련된 예로 오래된 바이올린을 시험 삼아 만들었을 때의 이야기를 해보자. 1955년 무렵의 일인데, 교토에 유명한 바이올린 제작 명인이 있었다. 그분은 히노키는 세계적으로 우수한 재료이므로 그것으로 명품 악기를 만들려고 고심하고 있었다. 나는 그분의 요청으로 오래된 바이올린 용재를 만들었다. 먼저 기소 히노키 통나무를 쪼개 한 조각에서 앞판 용재 4매를 만들어 무처리, 50년, 100년, 200년을 목표로 인공노화 처리를 진행했고, 그것으로 명인이 바이올린을 만들었다. 이것들로 시험해 본 결과 오래된 용재로 만든 것일수록 소리가 좋고, 200년으로 처리한 용재가 가장 우수했다. 이 바이올린은 미국의 어느 바이올리니스트가 사갔다고 한다.

이 경우는 50℃에서 처리한 것으로 상당히 오랜 시간이 걸렸다. 온도를 올리면 시간은 짧아지지만 결정화의 효과가 나타나기 어렵기 때문에 소리가 맑지 않다. 소리를 좋게 하기 위해서는 되도록 낮은 온도에서 오랜 시간 처리하는 것이 효과적이다. 이 원리를 피아노의 향판(響板)에 응용해 보고자 어느 피아노 메이커에서 시

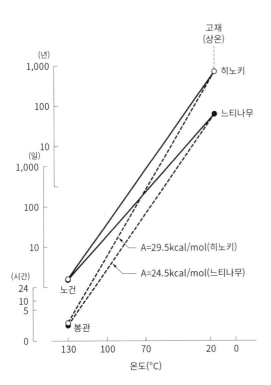

셀룰로오스의 붕괴 속도와 온도, 함수율, 수종의 관계
(A: Activation energy, 활성화 에너지)

도해 본 적이 있었다. 확실히 소리는 좋아졌지만 시간이 많이 걸리기 때문에 경제적으로 타산이 맞지 않아 실용화되지는 못했다.

다음은 색이다. 색만 고재와 같이 만들고자 한다면 온도를 높게 해도 상관없기 때문에 비교적 쉽다. 이것은 오래된 문화재의 수리에 응용할 수 있다. 지금은 오래된 조각품을 수리할 때 같은 시대에 제작된 파손된 조각품의 용재를 사용하거나 신재에 색을 칠해서 사용하는데, 위와 같은 원리를 수리 용재를 만드는데 응용하면 지금까지와 같은 노고는 필요 없어질 것이다. 다만 히노키의 경우에는 고색을 내기가 비교적 쉽지만, 오동나무는 독특한 색을 가지고 있기 때문에 조금 까다롭다.

지금까지 목재의 노화가 어떤 것인지 또 그것을 재현하기 위해서는 열처리를 하면 된다는 것에 대해 설명했다. 이 원리를 요약하면 177쪽의 그림과 같다. 이 그림의 세로축은 셀룰로오스 함유율이 1% 줄어드는 데 필요한 시간, 가로축은 온도이다. 셀룰로오스의 감소는 노화를 의미한다고 보아도 좋다. 또 노건(爐乾)의 선을 따라가면 상온에서 1000년이 걸리는 노화는 70도에서는 500일, 100도에서는 10일, 130도에서는 2일 정도에서 재현되는 것으로 나타난다. 그리고 히노키와 느티나무의 붕괴 속도 차이는 130도에서는 같지만 온도가 내려가면서 점차 차이가 나타나며, 105도에서는 느티나무는 히노키의 2배, 상온에서는 약 5배가 되는 것도 확인할 수 있다.

이 그림에서 봉관(封管)으로 표기되어 있는 것은 수분을 충분히 공급했을 때의 변화로 매몰재의 조건을 의미하며, 노건은 대기 중에 놓인 건축재의 조건을 의미한다. 또 이 그림에서 온도가 130도였을 때에는 매몰재가 대기 중의 목재보다 12배나 빨리 셀룰로오스가 감소해 가는 것도 알 수 있다. 이 그림을 응용하면 인공적으로 목재를 노화시켜 희망

호류지를 지탱한 나무

하는 노화 목재를 만드는 것이 가능하다.

이상과 같이 목재의 노화에 대해 설명했다. 그 결과를 요약하면, 우선 강도의 변화는 셀룰로오스의 붕괴와 결정화의 조합에 의해 좌우된다. 그리고 붕괴 속도는 수종에 따라 다르다. 또한 그것은 온도가 높을수록 속도가 빠르고, 물에 잠겨있으면 더욱 빨라진다. 이것은 아주 상식적인 결론이라고 해도 좋을 것이다. 이 실험을 진행하는 동안 아주 인상적이었던 것은 나무는 벌채하여 재목이 된 이후에도 여전히 생명체와 같은 변화를 보인다는 것이었다. 그것은 앞에서 설명한 것과 같다.

그런데 생각해 보면 위와 같이 파악된 목재의 노화 원리는 지구상에 존재하는 모든 유기물이나 생물에 적용 가능할 것으로 보인다. 생명체의 반응은 그것을 둘러싼 환경의 열적 조건에 의해 그 속도가 좌우된다고 볼 수 있기 때문이다. 남방에 사는 사람들이 조숙하고, 추운 지방에 사는 사람들의 수명이 긴 것도 이것과 관계있는 듯하며, 열대지방에서 한대지방으로 가면서 사람들의 신장이 커지는 경향이 있는 것도 이것과 관계가 없지는 않아 보인다.

마지막으로 한 가지 추가해 두고 싶은 것이 있다. 유기물 중에서 수천 년에 걸친 노화를 조사할 수 있는 재료는 나무밖에 없는 것 같다. 분명 종이나 천도 유기물이지만 그것을 모으는 것은 어려운 일이며 설령 모은다고 하더라도 귀중한 문화재이기 때문에 실험에는 사용할 수가 없다. 또 실험에 사용할 수 있다고 하더라도 풍화에 의한 영향이 훨씬 크기 때문에 노화에 대해서는 알 수 없을 것이다. 생각해 보면 목조 유구가 수천 년에 걸쳐 남아있고 그것을 실험재료로 사용할 수 있는 것은 일본에서나 가능한 일이다. 그런 의미에서 보자면 목재의 노화라는 주제는 가장 일본적인 것이라고 할 수 있을 것이다. 어쨌든 이 연구를 통해 니시오카가 말하는 나무의 제2의 생이라는 것이 어떤 것인지에 대해 어렴풋하게나마 알게 되었다고 생각한다.

호류지를 지탱한 나무

제 5 장

히노키와 일본인

침엽수 문화와 활엽수 문화

흔히 유럽의 건물은 돌로 만들고 일본의 건물은 나무로 지어 왔다고 한다. 여기서 나무는 침엽수를 말하며 침엽수는 히노키로 대표된다. 그것은 이세신궁(伊勢神宮)*이나 호류지를 보아도 알 수 있다. 주택에는 삼나무나 소나무도 사용되었지만 주류는 역시 히노키였다. 니시오카는 오랜 경험을 토대로 나무의 장점을 칭송했는데 그것 역시 히노키에 관한 이

---

* 미에현 이세시(伊勢市)에 있는 신사. 일본 내 모든 신사 가운데 최상위에 위치하는 유일한 신사로 원래 정식 명칭은 '신궁(神宮)'이었으나 다른 신사와 구별하기 위해 지명을 붙여 이세신궁이라고 부르게 되었다. 일본 황실의 시조신인 아마테라스오미카미(天照大御神)를 모시는 내궁(内宮)과 의식주의 수호신인 도요우케히메(豊受大御神)를 모시는 외궁(外宮)이 별도의 위치에서 각각 영역을 이루고 있다. 건축 형태는 불교건축의 영향을 받았던 대부분의 다른 신사와 달리 선사시대 이래의 고상식(高床式) 창고 형태를 유지해 오고 있으며, 기록을 통해 나라시대부터 확인되는 20년마다 터를 옮겨 건물을 다시 짓는 식년천궁(式年遷宮) 전통이 지금까지 이어지고 있다.

야기이다.

나무에는 히노키나 삼나무와 같은 침엽수, 참나무나 너도밤나무와 같은 활엽수가 있다. 침엽수는 깎기만 한 상태의 백목 표면이 아름답고, 활엽수는 칠을 하면 아름답게 된다. 백목을 좋아하는 것은 유럽에서는 북유럽인, 동양에서는 일본인이 대표적이다. 그래서 나는 일본인이 백목을 좋아하게 된 경위를 조각 용재를 통해 고찰해 보았다.

흔히 유럽 문화와 일본 문화의 차이는 금속과 나무의 차이와 같다고 한다. 분명 일본 민족은 나무에 깊은 애착을 가지고 있으며 나무에 대한 감수성은 다른 민족과는 비교가 안 될 정도로 예민하다.

그러한 애착의 깊이는 일상적인 나무의 사용방식에서도 나타난다. 유럽에서 건물의 인테리어나 가구의 용재로 사용하는 나무는 대부분 활엽수이고 침엽수는 특별한 경우에만 국한되어 있다. 그러나 일본의 전통건축에서는 사정이 완전히 달라 전부 침엽수이며, 활엽수가 이용되는 것이 오히려 예외에 속한다. 다르게 말하면 서양의 실내 환경 구성은 활엽수를 기반으로 성립하며, 일본에서는 침엽수를 주재료로 구성된다는 것이다.

이렇게 침엽수와 활엽수의 사용방식에서 동서양의 차이가 생긴 것은 나무의 세포구조의 차이에서 기인한다. 침엽수는 목재의 조직이 단순하고 나뭇결이 치밀해 깎아 낸 표면이 부드러운 비단과 같은 광택을 가지고 있어 백목 자체만으로도 아름답다. 그런데 활엽수는 조직이 복잡하고 나뭇결은 변화무쌍하며 재질은 딱딱하고 깎은 표면이 거칠다. 그래서 깎은 면 그대로는 아름답지 않지만 일단 칠을 하면 확연히 아름다워진다. 즉 용재의 표면을 비교하면 침엽수는 일본화를 그리는 비단 같은 윤기가 나고, 활엽수는 서양화의 캔버스와 같은 맛이 있어서 칠을

호류지를 지탱한 나무

해야만 아름다워진다.

재질이 다르면 당연히 이것을 가공하는 도구도 달라야 한다. 부드러운 침엽수는 작은 각도로 깎고 딱딱한 활엽수는 각도를 크게 하지 않으면 잘 깎이지 않는다. 따라서 부드러운 나무에 사용하는 도구는 딱딱한 나무에는 맞지 않다. 다른 재질의 나무와 도구를 사용하면 만들어지는 작품이 달라지는 것은 당연하다.

위에서 말한 침엽수와 활엽수의 차이는 또한 다음과 같이 비유할 수 있다. 고기라 하더라도 생선의 육질과 육류의 육질은 완전히 다르다. 고기 조직의 구성이나 영양성분도 다르기 때문에 조리법과 양념하는 법도 자연히 달라진다. 이 차이를 나무에 빗대면 침엽수는 생선에 해당하고 활엽수는 육류에 해당한다. 육류 요리가 일본에 소개된 것은 메이지 초기이고 활엽수를 좋아하기 시작한 것 역시 그 무렵이었으며, 이전까지 일본인은 백목을 좋아했다. 그래서 니스를 두껍게 칠한 참나무 표면에서 기름진 소고기와 같은 생경함을 느꼈다. 그러면서 한편으로는 그런 이질적인 나무의 표면을 문명개화의 상징으로 받아들이기도 했다.

침엽수의 백목 표면이 기조를 이루면 다다미나 미서기문과 같은 식물재료가 그것을 둘러싼다. 돌과 벽돌을 쌓고 청동으로 장식한 방에는 동물질의 양탄자를 깔고 니스를 두껍게 칠한 활엽수 가구를 놓지 않으면 조화를 이루지 못한다.

앞에서 말한 것처럼 실내 환경 구성에서 침엽수의 백목 표면을 기조로 하는 일본적인 계통과 칠을 하지 않으면 맛이 안 나는 활엽수와 같은 서양적인 계통이 만들어져 서로 확연한 대비를 보이게 된 것은 조형 재료인 나무의 성질을 생각해 보면 아주 자연스러운 것이라고 할 수 있다.

나는 유럽 문화에 대한 일본의 문화는 금속과 나무의 차이와 같다고 했는데, 이것은 또한 활엽수 문화와 침엽수 문화의 차이라는 말로 치환할 수도 있을 것이다.

고대인과 나무

우리 조상은 선사시대부터 나무에 대한 상당한 지식을 가지고 그 재질을 잘 파악해 적재를 적소에 구분해서 사용하는 능력이 있었던 듯하다. 먼저 그것부터 설명해 보자.

나라시대 초기에 편찬된 역사서인 《고사기(古事記)》와 《일본서기(日本書紀)》에 나오는 나무의 종류는 53종(種)이나 되고 27과(科) 40속(屬)에 이른다. 이 가운데 히노키, 소나무, 삼나무, 녹나무(樟)를 비롯한 유용수종(有用樹種)이 십수 종이나 있다. 그중 가장 흥미로운 것은 《일본서기》에 나오는 스사노오미코토(素戔鳴尊) 설화이다.

'스사노오미코토가 일본은 섬나라이기 때문에 배가 없으면 안 된다고 하여 수염과 가슴의 털을 뽑아 흩뿌리니 히노키, 삼나무, 녹나무, 마키(槇)가 났다. 그리고 각 나무의 용도를 정해 주었는데, 히노키는 궁전, 삼나무와 녹나무는 배, 마키는 관의 재료로 사용하라고 했다.'

여기서 아주 흥미로운 것은 이 기록이 고고학적 조사 결과와 대체로 일치한다는 점이다. 먼저 히노키에 대해서는 이 나무가 태고 이래로 건축 용재로 사용되어 왔다는 것이 이세신궁의 예를 보더라도 알 수 있다. 삼나무로 배를 만들었다는 기록은 《고사기》에도 나오며, 도로유적(登呂遺跡)*에서 발굴된 논농사용 작은 배도 삼나무였다. 또 《고사기》에는 녹나무로 배를 만들었다는 기록이 있으며 현재까지도 오사카를 중심

으로 하는 지역에서 발굴된 고훈시대(古墳時代)**의 배도 대부분 녹나무이다. 마지막으로 마키에 대해서는 긴키지방의 고분에서 출토된 목관의 재료가 대부분 고야마키(高野槇)라는 것을 고 오나카 후미히코 박사가 밝혔다. 이상은 기록에 나오는 나무와 관련된 설화이다. 그 외에도 고분이나 유적에서 발굴된 출토품을 조사해 보면 각각의 도구가 일정한 수종으로 만들어졌다는 것이 확인된다. 예를 들어 긴키지방에서 다량의 목제품이 출토된 가라코·카기유적(唐古鍵遺跡)***의 경우를 보면 활은 개가시나무(イチイガシ), 농기구는 붉가시나무(アカガシ), 빗은 회양목(ツゲ)이 사용되었다.

고훈시대에 특히 관을 만드는 재료로 사용된 고야마키는 어떤 나무일까? 언뜻 보기에는 평범하고 그다지 특별할 것은 없지만, 습기에 강하고 오래되어도 색이 변하지 않으며 잘 썩지 않는 특징이 있다. 그것은 에도시대 중기에 편찬된 사전인《동아(東雅)》나《화한삼재도회(和漢三才圖會)》에도 나오고, 내가 수행한 실험에서도 그것을 증명하는 결과가 나왔다.

고야마키가 분포하는 지역은 규슈(九州)에서 기슈(紀州)****에 이르는

---

* 시즈오카현(静岡縣) 시즈오카시에 있는 야요이시대(彌生時代) 취락, 농경 유적.
   야요이시대 후기에 해당하는 기원후 1세기 무렵의 유적으로 추정되고 있다.
   1947년의 발굴조사를 통해 논, 우물, 움집, 고상식 창고 등의 유구가 확인되었다.
** 야요이시대 다음에 이어지는 시대로 장대한 규모의 고분이 전국 각지에
   만들어졌기 때문에 붙은 명칭이다. 시기적으로는 야마토 조정이 일본을 통일한
   3세기 말에서 4세기 초부터 7세기까지가 해당한다.
*** 나라현 시키군(磯城郡) 다와라모토마치(田原本町) 오아자카라코(大字唐古),
   오아자카기(大字鍵)에 위치한 야요이시대의 환호취락(環濠聚落) 유적
**** 근대 이전 지방행정구역인 기이노쿠니(紀伊國) 지역의 별칭으로, 지금의 미에현
   남부와 와카야마현 일대에 해당한다.

서일본 일대와 중부의 기소 지방뿐이다. 지금은 자생하는 양이 적지만 당시에는 훨씬 많았을 것이다. 나는 이 나무가 야마토 민족이 규슈 일대를 중심으로 하는 남일본에서 가장 먼저 발견한 주요 용재 중의 하나였을 것으로 추정한다.

이것과 관련해 흥미로운 이야기가 있다. 오나카 박사가 한국의 부여 능산리에 있는 백제 왕들의 고분에서 출토된 관의 용재를 분석해 그것이 모두 고야마키라는 것을 밝혀낸 것이다. 그런데 고야마키는 세계에서 일본에서만 나는 수종이다. 식물의 분포가 겨우 2000년 동안에 변한다는 것은 생각하기 어렵기 때문에 당시에도 이 나무는 한국에서는 나지 않았다고 보는 것이 타당하다. 그렇다면 당연히 그 관의 용재는 일본에서 건너간 것으로 보아야 한다.

사실 나는 오나카 박사를 돕고 있었기 때문에 관의 용재 조각을 직접 보았고 그것에 대한 어느 정도의 정보도 가지고 있었다. 그 후 한국의 공주박물관에서 관 용재의 실물을 보고 생각했던 것보다 훨씬 거대하다는 사실에 놀랐다. 당시에 그 정도 크기의 나무를 벌채해 운반하고 다시 바다를 건넌다는 것은 분명 보통 일이 아니었을 것이다. 그것이 역대 왕의 모든 무덤에 사용되었다는 사실은 놀라운 일이다.

여기서 당시의 목재 수송에 대해 살펴보자. 오나카 박사는 또 한국의 평양에 소재한 낙랑(樂浪) 고분의 관 용재가 넓은잎삼나무(廣葉杉)라는 것을 밝혔다. 이 나무는 중국에서는 나지만 한국에는 자생하지 않는다. 그래서 후한(後漢, 25~220)의 《잠부론(潛夫論)》에 나오는 기록도 아울러 검토해 중국 쓰촨성(四川省)에서 나는 목재로 추정했다. 또 낙랑과 경주의 금관총에서 녹나무가 출토되었다. 녹나무는 일본, 타이완, 중국 남부 일대에 분포하지만, 한국(제주도는 제외)에서는 나지 않기 때문에 이것 역시

호류지를 지탱한 나무

다른 나라에서 가져온 나무로 보고 있다. 이상의 사실로 보면 특수한 용도를 가진 귀중한 재목은 당시에도 이미 바다 건너 아주 먼 곳까지 수송되고 있었다는 것을 알 수 있다. 《일본서기》에는 스사노오미코토가 다카마가하라(高天原)*에서 많은 나무 종자를 가지고 강림했는데 한국에는 심지 않고 오야시마(大八州)** 안에 퍼트려 전국을 골고루 푸른 산으로 만들었다고 적혀 있다. 이를 통해 생각해 보면 이미 신화시대부터 한국에는 양질의 목재가 부족했을지도 모른다.

고대인들의 무덤 축조에 대한 열의와 노력은 상상을 초월하는 것이었다. 그것은 닌토쿠릉(仁德陵)***이나 피라미드 건설에 투입된 막대한 작업량을 보더라도 짐작할 수 있다. 그렇다면 양질의 목재를 구하기 위해 지금 우리가 상상하는 거리를 훨씬 뛰어넘는 먼 곳까지 갔을 거라는 추측도 가능하다.

또 마왕퇴(馬王堆)에 대해 설명해 두고 싶은 것이 있다. 최근 중국에서는 서한(西漢, B.C.202~A.D.8) 초기의 고분에서 귀부인의 시신이 죽은 당시의 모습 그대로 발견되어 큰 화제가 되었다. 이 무덤은 두꺼운 목재로 몇 겹이나 둘러싸여 있었기 때문에 그런 기적이 일어날 수 있었다고 한다. 이것에 대해 가이츠카 시게키(貝塚茂樹) 박사는

"후대에 이곳을 통치했던 오(吳, 222~280)나라의 왕이 장사왕(長沙王)의 무덤을 파헤쳐 그 관으로 사당을 지었다는 설화가 있다. 역사학자들은

---

*   일본의 신화에 등장하는 천상의 나라
**   일본의 옛 이름
*** 오사카부 사카이시(堺市)에 있는 대형 전방후원분(前方後圓墳)으로, 전체 길이가
     486m, 뒤쪽 둥근 부분(後圓)의 직경이 249m, 앞쪽 방형 부분(前方)의 폭이 305m,
     높이는 34m에 이르며 주위에 3겹의 해자를 둘렀다.

그런 소설은 믿고 있지 않지만, 이번의 발굴 결과는 그것과 아주 잘 부합한다.”

고 했다. 사진으로 봐도 이 무덤은 아주 크고, 판의 폭이 수십 cm, 길이 수 m, 두께 10cm 남짓 되는 큰 재목으로 만들어진 듯하다. 그 정도라면 사당을 짓는 것도 가능했을 것이다. 좋은 목재가 귀하고 벌채 도구도 충분치 못했던 당시로서는 그렇게 하는 것도 가능했을 것이라 생각된다.

관을 만드는 용재에 대해 정리해 보면, 중국의 쓰촨성이 위치한 화남(華南)지방에서 낙랑이 있던 한반도의 북부 지역까지, 그리고 일본에서 한반도 남부 지역으로 관 용재가 수송되고 있었다는 것이 확인되었다. 그리고 당시 중국의 화남지방과 일본과의 관계를 알 수 있으면, 이 네 지역을 연결하는 고대 문화의 교류를 현미경을 통해 파악할 수도 있을 것 같다.

이상은 동양의 이야기인데 고대에 귀중한 재목을 먼 곳에서 운반해 온 사례는 서양에서도 보인다. 이집트의 피라미드 안에서 발견된 고대 왕족의 유품에는 많은 목제품이 있다. 그 용재는 이집트에서는 나지 않는 흑단(黑檀), 홍목(紅木), 티크 등으로 멀리 인도 일대에서 수입되었을 것으로 추정되고 있다. 바빌로니아나 아시리아에도 재료를 훨씬 남쪽 지방에서 가져온 것으로 생각되는 목제 가구가 있으며, 그 외에도 몇 가지 목재 수송의 사례가 보고되고 있다. 이렇게 동서양을 막론하고 이미 고대부터 귀중한 목재가 먼 곳으로 수송되고 있었다는 것은 확인되었다. 여기서 주목되는 것은 서양에서는 흑단이나 홍목과 같이 눈으로 보기에 아름다운 목재가 귀하게 여겨졌던 것에 반해, 일본에서는 아주 보통의 목재 가운데 눈에 띄지 않는 장점에 주목해 적재를 적소에 구분해 사용했다는 사실이다. 예를 들어 현재 육안으로 고야마키와 히노키나

호류지를 지탱한 나무

삼나무를 구별하는 것은 어지간히 나무를 다루는데 숙련된 사람이 아니면 불가능하다. 그렇게 생각하면 일본인의 목재에 대한 특별히 강한 애착은 이미 태고의 시대까지 그 기원을 거슬러 올라가야만 할 것이다.

녹나무 시대

앞에서 말했듯이 나는 나무와 일본인의 관계를 조각 용재의 변천을 통해 알아보려고 했다. 그 이유는 다음과 같다. 먼저 일본에서는 조각에 목재를 사용한 비율이 매우 커서 숫자로 보면 90%를 넘는다는 점이다. 이렇게 나무로 만든 조각품이 많은 것은 세계에서도 그 유례를 찾아볼 수 없다. 두 번째로 조각과 같이 예술성이 요구되는 것은 소재가 가지는 성질이 작품의 형태에 큰 영향을 미치기 때문이다. 그 가운데에서도 목조 불상은 목재의 특성이 조형 기술과 어떻게 관계되고 있는지 알 수 있는 가장 적당한 대상의 하나라고 생각한다. 세 번째로는 양식과 재료 사이에 모종의 상관관계가 있다고 생각하기 때문이다. 만약 그것을 알 수 있다면 디자인의 성격과 재료와의 관계라는 아주 흥미로운 이야기를 할 수 있을 것이다.

이런 이유에서 나는 10여 년에 걸쳐 조각 양식의 변천에 따라 용재의 선택이 어떻게 변해왔는지를 조사했다. 조사한 자료는 아스카시대부터 가마쿠라시대에 해당하는 조각품 약 700점이다. 지역으로 보면 홋카이도에서 규슈까지 전국에 걸쳐 있다.

그리고 수종 감정법에 대해 간단히 언급해 두겠다. 일반적인 목재의 식별은 가로 세로 각각 1cm 정도 크기의 시험용 조각에서 횡단면, 나

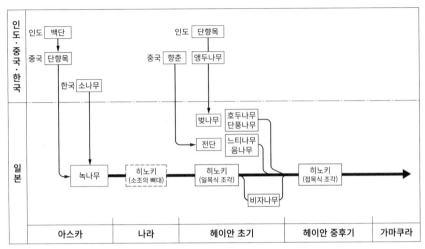

목조 조각 용재의 흐름

이테의 방사단면과 접선 단면의 세 면을 얇게 깎아 현미경으로 조사한다. 그러나 불상은 그런 방식의 조사가 불가능하기 때문에 머리카락 굵기 정도로 아주 작은 조각을 수집해 조사한다. 이 조각들을 현미경으로 들여다보면서 세포의 특징을 한 가지씩 수집하고, 그것을 종합해 수종을 판정하는 방식이다. 범죄과학의 조사 방법과 유사한 면도 있다. 이러한 방법으로 700점을 조사했는데, 그야말로 사람의 끈기를 시험하는 작업이었다.

조사 결과를 종합하면 다음과 같다. 각 시대마다 조각의 양식은 변해 가지만 그것과 동반해 재료 역시 변화하며 서로 밀접한 관계를 이루면서 하나의 흐름을 만들고 있다. 또 그것을 야마토를 중심으로 하는 긴키지방에 한정해 정리하면 다음과 같이 된다.

아스카시대에는 조각의 재료로 오로지 녹나무만 사용했다. 그런데 나라시대를 지나 헤이안시대가 되면 그 용재가 모두 히노키로 변해버린

호류지를 지탱한 나무

다. 그리고 그 전환기에 해당하는 나라시대 말기에서 헤이안시대 초기에 걸쳐서는 히노키와 더불어 각종 활엽수로 만든 불상이 나타난다. 그러나 그것도 점차 히노키의 주류 속으로 녹아 들어가 마침내 히노키의 한 종류로 수렴해 갔다. 이것이 변천의 개요이다. 그 과정을 그림으로 나타내면 192쪽 그림과 같다.

《일본서기》에 의하면 '긴메이(欽明)천황 14년(553) 치누(茅渟) 바다에 떠 있는 녹나무(樟木)를 얻어 그 재목으로 조각했다.'고 한다. 일본에 처음으로 불상이 전래된 것이 538년이기 때문에 그로부터 얼마 지나지 않아 녹나무로 불상을 조각했다는 것을 알 수 있다. 현존하는 아스카시대 불상 중에서 약 1/4은 목조이다. 그것을 조사해 보면 주구지(中宮寺)의 미륵상이나 호류지의 백제관음상을 비롯한 이 시대 목조 불상은 모두 녹나무로 만들어져 있다.

조각 용재로 왜 녹나무가 선택되었는지는 분명치 않지만, 아마 일본에 전래되었던 불상 중에서 남방산 향나무로 만들어진 목조 불상이 있었기 때문에, 그것과 비슷한 재료로 일본산 향나무인 녹나무를 선택했다고 생각하는 것이 타당할 것이다. 앞에서 아스카시대의 조각은 모두 녹나무로 되어 있다고 했는데 여기에는 딱 한 가지 예외가 있다. 그것은 유명한 고류지(廣隆寺)의 보관미륵상(寶冠彌勒像)이다. 익히 알려진 바와 같이 고류지에는 미륵상이 두 개 있다. 하나는 보관미륵상이고, 다른 하나는 보계미륵상(寶髻彌勒像)*이다. 이 가운데 보관미륵상의 유래에 대해서는 기존에 두 가지 설이 있었다. 하나는 일본에서 제작되었다는 것이

---

* 머리 위에 두발을 상투 모양으로 묶어 올린 미륵상이다. 보관미륵상은 머리에 관을 썼다.

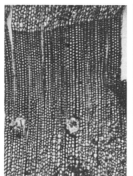

고류지 보관미륵 용재의 현미경 사진
왼쪽에서부터 횡단면, 방사단면, 접선 단면 (이하 동일)

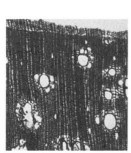

고류지 보계미륵 용재의 현미경 사진

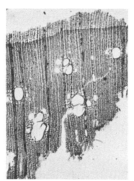

주구지 미륵 용재의 현미경 사진

고, 다른 하나는 한국에서 건너왔다는 설이다. 일본 제작설은 보계미륵이 속칭 '우는 미륵'으로 불리고 있듯이 너무 딱딱한 표정으로 되어 있기 때문에 이것이 한국에서 전해진 원래의 불상이고, 이것을 원형으로 하여 일본에서 만든 것이 부드러운 표정의 보관미륵상이라는 것이다. 한국에서 건너왔다는 설은 《일본서기》에 백제에서 불상을 보내왔다는 기록이 있는데 이 보관미륵의 표정이 아무래도 일본적이지 않기 때문에 한국 전래 불상이라고 하는 것이다. 그런데 내가 두 불상의 용재를 현미경으로 조사해보니 보관미륵은 소나무로 만들었고, 보계미륵의 용재는 녹나무라는 것이 확인되었다. 그런데 소나무는 일본에서도 한국에서도 널리 분포하는 수종이다. 따라서 이것만으로는 어느 쪽으로도 단정할 수 없다. 그러나 지금까지 유적이나 고분에서 발굴된 목재까지 포함해 조사한 결과에 의하면 도구 용재로 사용된 소나무는 확인되지 않았다. 아마도 소나무는 송진이 있고 잘 잘리거나 깎이지 않으며, 이것 외에도 많은 양질의 나무가 있었기 때문에 일본에서는 사용되지 않았던 것이 틀림없다. 그리고 이 보관미륵상의 조각 방식을 보면 심재에서 변재로 깎아 나가는 일반적인 조각 방식과는 반대로 되어 있고 또 이것 외에도 여러 가지 다른 점이 있기 때문에 나는 이것을 한국에서 전래된 것으로 보는 것이 타당하다고 생각한다. 이에 반해 한국에는 분포하지 않는 녹나무로 만들어진 보계미륵상은 일본에서 제작된 것이라고 보아야 할 것이다. 이렇게 되면 기존의 설과는 완전히 반대가 되어 버린다. 어쨌든 이 보관미륵상을 제외하면 아스카시대의 조각 전체를 녹나무 시대라고 불러도 무방하다.

히노키 시대

나라시대는 중국 당(唐)나라의 영향을 받아 금동(金銅), 건칠(乾漆),* 소조(塑造) 등의 조각이 만들어졌던 시대였기 때문에 목조 불상은 거의 만들어지지 않았다. 이 시기는 나무 조각의 공백기이다. 그런데 흥미로운 점은 당시의 공예품을 보면 칠을 한 면 위에 나뭇결을 그린 것이 있다는 것이다. 예를 들어 다이마데라(當麻寺)의 수미단(須彌壇)**이 그렇다. 쇼소인 소장품 중에도 같은 기법으로 된 것이 있다. 지금의 금속이나 플라스틱 제품 표면에 나뭇결을 인쇄하는 것과 같은 방식이다. 이것을 보고 깨달은 것은 아무래도 일본인은 금속이나 칠을 한 매끈하고 광택 있는 면에는 친숙해지기 어려운 습성이 있을지도 모른다는 것이다.

다음의 헤이안시대는 와카(和歌)***와 일본문학이 성립해《겐지모노가타리(源氏物語)》****가 나왔고, 귀족 주택 형식인 신덴즈쿠리(寢殿造)*****건축이 나타나는 등 일본 고유의 화풍문화(和風文化)가 융성한 시대였다. 조각 재료로 다시 나무가 사용되었다. 그런데 여기서 주의할 것은 그것

---

* 천이나 종이를 옻칠로 여러 겹 붙인 위에 옻칠과 나뭇가루 등을 반죽한 것을 덧발라 형태를 완성하는 기법이다. 나무로 뼈대를 만들고 점토를 발라 대략적인 형태를 만든 위에 천이나 종이를 옻칠로 붙이고 옻칠 반죽을 덧발라 형태를 완성해 굳힌 다음 속의 점토와 나무 뼈대를 빼내는 탈건칠 기법과 나무로 상 전체나 일부를 조각한 위에 천이나 종이를 옻칠로 붙이고 옻칠 반죽을 덧발라 완성하는 목조건칠 기법이 대표적이다.
** 사찰 불전에서 본존을 안치하는 불단을 수미단이라고 한다. 세계의 중심에 솟은 수미산 위에 신들의 천상세계가 있다는 고대 인도 불교의 수미산 세계관에서 유래한 것이다. 수미단 위에 대좌를 놓고 불상을 안치한다.
*** 야마토우타(大和歌) 즉 일본의 노래라는 말의 줄임말로, 한시(漢詩)와 대비되는 일본어 시를 뜻한다.

호류지를 지탱한 나무

이 히노키 백목으로 시작하고 있다는 것이다. 진고지(神護寺) 약사상, 신야쿠시지(新藥師寺) 본존, 홋케지(法華寺) 십일면관음상 등이 히노키로 조각한 대표적인 불상 사례인데, 화풍문화의 융성과 더불어 먼저 히노키 백목의 아름다움이 추구되었다는 것은 흥미로운 일이다.

헤이안시대의 미의식은 뛰어난 것, 풍부한 것에서 깨끗하고 간결하며 섬세한 것으로 변해 갔다. 그래서 마침내 나무로 만든 젓가락이나 식기를 쓰다가 버리고, 미서기문이나 다다미를 교체하는 습관이 생겨난 것이다. 이것은 은으로 만든 식기를 사용하며 이것을 대대손손 전해주는 서양의 사고방식과는 근본적으로 다른 것이다.

원래부터 풍부한 목재 자원의 혜택을 입어 나무를 사용하고 나무로 만든 집에서 살아온 일본인들이 금동, 칠, 점토의 현란한 덴표문화(天平文化)******에 이어 다시 따뜻하고 부드러운 나무를 접하면서 나무의 친근하고 차분한 감성으로 되돌아갔을 것이다. 그리고 히노키의 표면에서

**** 헤이안시대 중기 1008년에 출판된 여성 작가 무라사키 시키부(紫式部)의 장편소설로 남자 주인공 히카루겐(光源)을 통해 사랑, 영광과 몰락, 정치적 야망과 권력투쟁과 같은 헤이안시대 귀족사회의 모습을 묘사했다.

***** 헤이안시대 귀족 주택 형식으로 신덴(寢殿)을 중심으로 주위에 다이노야(對屋)라는 부속건물을 배치해 복도로 연결하며, 신덴 남쪽 전방의 마당에 연못을 파고 정원을 조성하는 것이 핵심이다.

****** 나라시대 전반 8세기 중엽까지 도성 헤이조쿄 일대를 중심으로 꽃피웠던 귀족, 불교문화. 쇼무천황(聖武, 724~749 재위) 재위 중에서도 덴표(天平, 729~749) 연간을 중심으로 하기 때문에 덴표문화라고 부른다. 당시의 황족과 귀족들이 견당사(遣唐使)를 통해 들어온 중국문화를 적극적으로 받아들이며 형성되었다. 이 시기에 건립된 건축물 중에서 현존하는 주요 유구로는 도쇼다이지(唐招提寺) 금당과 강당, 야쿠시지 동탑, 도다이지 법화당(法華堂), 쇼소인 정창(正倉), 호류지 동원의 몽전(夢殿), 에이산지(榮山寺) 팔각당 등이 있다.

진정으로 심금을 울리는 감성을 느꼈을 것이다. 이 히노키의 아름다움을 찾아낸 눈은 이후 무로마치시대에 검은색만 칠한 비단에서 수백 가지 색을 느꼈던 눈과 상통하는 면이 있다.

재료가 그 시대 사람들의 마음과 생활에까지 영향을 준 예로, 야나기다 구니오(柳田國男)의 《면포 이전의 일(木綿以前の事)》에 이런 내용이 나온다. '면포가 보급된 이유로 첫째는 피부에 닿는 감촉이고, 둘째는 염색이 쉽다는 것이다. 면포로 인해 이전의 삼베의 곧고 뻣뻣한 윤곽선은 모두 사라지고, 이른바 밋밋한 어깨선과 가느다란 허리가 지극히 일반적인 것으로 되어버렸다. 동시에 가볍고 부드러운 옷감의 경쾌한 압박은 피부의 감각을 예민하게 해 가슴과 등의 털을 필요 없게 했고 옷과 몸이 더욱 친밀해지도록 했다. … 말하자면 면포를 사용하게 되면서 생활의 정취가 부지불식간에 섬세해졌다.' 이렇게 생각하면 히노키 백목의 표면은 면포 못지않게 생활에 커다란 영향을 미쳤을 것이다.

덴표문화의 금동 불상은 헤이안시대에 들어와 일본적인 목조 불상으로 변했으나, 아직은 그 방향이 정해지지 않은 아주 활기 넘치는 시대였다고 할 수 있다. 그러한 시도 속에서 새삼 히노키를 발견하고 재질의 장점을 유감없이 발휘했다. 그 예로 조간조각(貞觀彫刻)*의 번파식(飜波式) 주름**을 들 수 있다. 그 예리한 주름의 아름다움은 질긴 히노키, 날이 잘 드는 연장, 장인의 숙련된 솜씨가 삼위일체의 호흡을 이루어 만들어진 것이다. 히노키는 가볍고 부드럽기는 하지만 무엇보다 날이 잘 드는 연

---

* 헤이안시대 전기의 조간(貞觀, 859~877) 연간을 중심으로 제작된 조각으로, 당시 일본에 본격적으로 도입된 밀교의 영향을 받아 제작된 존상들이 대표적이다.
** 조간조각에 나타나는 특징으로 옷의 주름을 파도가 치듯이 큰 물결과 작은 물결이 번갈아가며 연속되는 모양으로 표현하는 조각 수법이다.

호류지를 지탱한 나무

장이 필요한 나무이다. 미쓰코시(三越)백화점 본점의 천녀상을 조각한 고사토 겐겐(佐藤玄玄)으로부터 들은 이야기인데, 조각가의 솜씨는 히노키 횡단면의 톱질 흔적을 보면 알 수 있다고 한다. 횡단면은 섬유가 가로로 잘리는 부분이기 때문에 어지간히 잘 드는 날이 아니면 깔끔하게 마감되지 않는다. 이것은 당시 연장에 커다란 진보가 있었으며, 동시에 양질의 숫돌이 발견되었다는 것을 의미하기도 한다. 이것과 관련해 임학자 에자키 마사타다(江崎政忠)는 산성에서 좋은 숫돌이 난다고 했다.

여기서 백목의 아름다움을 증명하는 사실에 대한 설명을 조금 더해 보겠다. 재료 표면의 광선 반사율을 조사해 보면 일반적으로 침엽수는 활엽수의 약 2배 정도의 값을 보인다. 특히 히노키는 반사율이 아주 높다. 히노키 백목에서 아름다운 비단과 같은 광택이 나는 것은 이것 때문이다.

헤이안시대에는 신덴즈쿠리 건축이 출현하고, 문학에서 와카와 국문학이 융성했으며, 조각에서는 금동 불상에서 목조 불상으로 옮겨갔다. 금속에서 나무로 옮겨갔다는 것은 나무에 국한해서 말하자면 활엽수에서 침엽수로 변해 가는 추이에 상응한다. 왜냐하면 활엽수는 딱딱하고 침엽수는 부드럽기 때문이다.

지금 우리 주위를 둘러보면 가구나 실내 장식은 참나무나 너도밤나무로 만들어져 있다. 그러나 이러한 수종이 우리 생활에서 친숙해지기 시작한 것은 아주 최근의 일이다. 그것은 서구 문화가 수입된 메이지시대 이후의 일이다. 참나무는 대략 60년, 너도밤나무는 40년 정도일 것이다. 티크나 나왕과 같은 남방의 목재는 그보다 더 최근에 소개되었다. 그 이전까지 참나무나 너도밤나무는 잡목으로 불리며 땔감으로만 사용되었다.

활엽수의 흐름

그런데 여기서 주목해야 할 것은 헤이안시대에 들어와 조각의 재료로 다시 나무가 사용되기 시작했을 때 용재의 중심을 이루었던 히노키 백목과는 별개로 완전히 이질적인 활엽수의 흐름이 보인다는 점이다. 그중 한 가지가 나라의 도쇼다이지(唐招提寺) 범천상(梵天像)으로 대표되는 환공재로 만든 일련의 불상군이고, 다른 한 가지는 교토 세이료지(清凉寺)의 석가상으로 대표되는 산공재로 조각한 불상군이다. 이 두 가지 불상은 모두 중국에서 전해진 것이었는데 이것이 계기가 되어 활엽수가 사용되기 시작했을 것이라고 생각된다. 다만 이 활엽수의 유행도 일시적인 것에 지나지 않았고 결국은 히노키의 본류 속에 흡수되어 갔다. 그리고 화풍문화의 융성과 더불어 추구되었던 히노키의 표면은 이후로도 오랫동안 일본 조각의 기조가 되어 지금까지 이어져 오고 있다. 그러면 활엽수로 된 조각에 대해 말하기에 앞서 우선 환공재와 산공재에 대해 간단히 설명해 두고자 한다.

목재의 세포 가운데 물을 통과시키기 위해 발달한 전용 조직이 도관이며 나무의 횡단면에서 구멍으로 나타난다. 도관이 없는 것이 침엽수이고 있는 것이 활엽수이며, 활엽수는 다시 구멍이 분포하는 상태에 따라 환공재, 산공재, 방사공재로 구분된다는 것은 앞의 "제2장 나무의 매력"에서 이미 설명했다. 도관의 분포상태는 당연히 판재 면의 나뭇결 문양의 차이로도 나타난다. 환공재는 느티나무나 뽕나무와 같이 나뭇결이 분명하고, 산공재는 벚나무나 계수나무처럼 나뭇결이 그다지 뚜렷하게 보이지 않는다. 따라서 공예적인 이용의 측면에서 보면 목재는 침엽수와 환공재와 산공재의 세 가지로 구분해서 생각하는 것이 실정에 맞

호류지를 지탱한 나무

다고 할 수 있다.

헤이안시대의 화풍문화와 더불어 히노키의 아름다움이 추구되고, 점차 그것이 주류가 되어가는 과정에 대해서는 별 무리 없이 납득된다. 그러나 좀처럼 이해하기 어려운 것은 이러한 히노키의 흐름과 함께 활엽수로 만든 불상이라는 버터 냄새 짙은 용재의 흐름이 보인다는 것이다. 이미 그 이전부터 나무를 능숙하게 다뤄왔던 일본인이 왜 그렇게 다루기 어려운 나무로 불상을 만들었던 것일까? 그것에 대해 나는 이전부터 의문을 가지고 있었는데, 조사를 진행해 가면서 다음과 같은 한 가지 추론을 하게 되었다.

도쇼다이지 강당에는 느티나무 계통의 불상이 아주 많다. 이 재료는 재질이 딱딱해 가공이 어려울 뿐만 아니라 변형되고 갈라지기 쉽다. 게다가 표면이 까칠까칠하기 때문에 채색하기도 어렵다. 앞에서 설명했듯이 메이지 시대 중기 무렵까지 활엽수는 잡목으로 불렸고, 특수한 경우를 제외하면 땔감으로만 사용되었다. 이런 나무가 조각에 사용된 이유를 단순히 히노키의 부족에만 국한시킬 수는 없을 것이다. 당시의 활엽수를 사용한 조각에서 특히 자주 보이는 나무는 전단(栴檀)이다. 이것은 일본에서 흔히 오우치(オウチ)라고 부르는 나무로, 소위 '전단은 떡잎일 때부터 향기롭다'는 말의 전단과는 완전히 다른 나무이다. 더욱 이해하기 어려운 것은 이 나무는 헤이안시대 중기 이후가 되면 불상과는 아무 상관 없는 죄인의 목을 올려놓는 대를 만드는 데 사용되었고 이 풍습이 에도시대까지 이어진다는 것이다. 여기서 생기는 의문의 한 가지는 바로 다음 시기부터 이처럼 꺼려했던 오우치라는 나무가 왜 유독 헤이안시대 초기에 불상 조각에 사용되었는가이고, 다른 한 가지는 이 나무가 실체와는 전혀 다른 전단이라는 아름다운 이름으로 불리게 된 이유

이다. 이 의문을 풀려면 두 가지 측면에서 생각할 필요가 있다. 하나는 그 나무가 불상 조각에 사용되기 시작한 동기이고, 다른 하나는 머지않아 그것을 더 이상 사용하지 않게 된 이유이다.

먼저 두 번째 문제에 대해 답을 해보자. 이 나무는 얼핏 느티나무와 비슷해 견고하고 딱딱하게 보이지만, 의외로 풍화가 빨리 진행되어 푸석푸석해져 버린다. 그래서 일시적으로 유행했지만 얼마 지나지 않아 더 이상 사용하지 않게 된 것이다. 이렇게 생각하면 두 번째 문제는 쉽게 풀린다. 흥미로운 것은 첫 번째 문제이다. 조사를 진행하던 도중에 이 의문을 풀 한 가지 힌트를 얻었다.

도쇼다이지 강당의 불상 중에 범천(梵天)과 제석천(帝釋天)이라는 한 쌍의 불상이 있다. 용재를 조사해 보니 제석천은 벗나무, 범천은 참죽나무(チャンチン)로 확인되었다. 이것으로 우선 이 두 불상이 한 쌍으로 모셔진 것은 나중의 일이라는 것을 알 수 있다. 그런데 힌트는 범천상에 있었다. 참죽나무는 향춘(香椿)이라고도 하는 중국산 나무로, '차이니즈 마호가니'라는 별명에서도 짐작할 수 있듯이 중국에서 제1급으로 꼽는 좋은 용재이다. 지금 중국에는 그 무렵의 불상이 남아있지 않기 때문에 추측에 의존할 수밖에 없지만, 참죽나무로 불상을 만들었을 가능성은 매우 높다고 생각된다. 만약 이 참죽나무로 만든 범천상이 나라시대 말에 중국에서 건너온 것이라면, 당나라에서 건너온 감진(鑑眞, 688~763)* 스님이 주석했던 도쇼다이지에 그것이 남아있는 것은 자연스럽다.

그리고 내 추측대로 중국에서 참죽나무로 불상을 만들고 있었다면, 일본에서도 그것과 가장 비슷한 나무를 찾아냈을 것이라는 추측도 무리는 아니다. 그 경우 가장 유력한 후보가 되는 나무가 오우치이다. 왜냐하면 참죽나무와 오우치는 같은 전단과에 속하는 가장 친연성 있는 나무

호류지를 지탱한 나무

이기 때문이다. 이것은 일본에 처음으로 백단(白檀)이 수입되었을 때, 그 대체재로 녹나무가 선택되었던 것과 같은 사정이다. 만약 이러한 나의 추정이 틀리지 않았다면, 느티나무나 음나무와 같은 환공재로 만든 조각이 출현한 것은 전혀 이상할 것이 없다. 지금도 오우치는 느티나무 등의 대체재로 사용되고 있기 때문이다. 녹나무에서 히노키로 다시 히노키 백목으로 변천해 간 지극히 일본적인 조각 용재의 흐름 속에서 오우치의 버터 냄새 짙은 표면이 돌연 나타나게 된 이유는 이해하기 어렵지만, 위와 같이 추리해 보면 어느 정도는 납득이 가는 설명이 가능하다. 그리고 어울리지 않게 전단이라는 아름다운 이름을 얻게 된 이유도 이해할 수 있을 것 같다.

다음으로 산공재인 벚나무 계통의 조각은 어떤 과정을 거쳐 도입되었는지에 대해 살펴보자. 그 원류는 중국산 벚나무라고 생각한다. 이유는 다음과 같다. 지금까지의 조사에서 중국산 벚나무로 만든 조각상은 두 점 확인되었다. 하나는 교토의 교오고코쿠지(教王護國寺) 즉 도지(東寺)의 도발비사문천상(兜跋毘沙門天像)이고, 다른 하나는 세이료지의 석가상이다. 이들 중 세이료지의 석가상에 대해 설명하겠다.

잘 알려진 것처럼 이 석가상은 도다이지(東大寺)의 승려 조넨(奝然,

938~1016)이 헤이안시대 중기에 낙동(洛東)*의 천태종(天台宗) 거점인 히에이잔(比叡山)에 대항해 낙서(洛西)의 아타고야마(愛宕山)에 진언종(眞言宗)의 세이료지를 건립할 것을 염원하고, 중국 송(宋)나라에 갔다가 귀국할 때 가져온 것이다. 절에 전해 내려오는 이야기에 의하면 이 상은 인도에서 중국으로 건너왔다가 다시 일본에 전해진 삼국 전래의 불상이라고 한다. 그러나 앞선 조사에서 불상 안에서 나온 기록에 의해 이 불상이 양쯔 강 연안의 타이저우(台州)에서 만들어진 것이 확인되었다. 용재 역시 그 지방에서 나는 위씨앵두나무(魏氏櫻桃, Prunus wilsonii Koehne)로 판명되었다.

도지의 도발비사문천상과 세이료지 석가상을 통해 추정해 보면, 당시 중국에서는 벚나무가 불상 용재의 대표적인 나무 중의 하나였다고 볼 수 있다. 만약 그렇다면 일본에서 벚나무를 사용하게 된 동기는 이 상 때문은 아닐까 하는 추론이 가능하다. 이런 관점에서 조사를 진행하던 도중 그것을 증명하는 다음과 같은 사실이 확인되었다. 세이료지 석가상의 용재를 자세히 살펴보면, 불상 본체와 대좌 하단의 복련** 부분은 중국산 벚나무인데, 광배와 대좌 윗면의 연밥 부분은 일본산 벚나무로 만들어져 있고, 대좌 상부 앙련의 연꽃잎과 그 안의 받침 부재는 히노키

---

* 헤이안시대의 도성 헤이안쿄(平安京) 즉 지금 교토의 동쪽 일대를 지칭하는 말로, 헤이안쿄를 당시 중국의 도성 낙양(洛陽)에 비유하여 부른 말이며, 반대편인 서편 일대는 낙서(洛西)라고 했다.

** 불상을 안치하는 대좌는 연꽃 모양으로 조각한 것을 연화대좌(蓮華臺座) 혹은 연화좌(蓮華座)라고 하며, 보통 상·중·하의 3단으로 구성되는데, 상·하 2단 혹은 1단으로만 구성되는 경우도 있다. 이 가운데 상단과 하단 부분이 연꽃 모양으로 조각되는데, 하단은 연꽃을 엎어 놓은 모양의 복련(覆蓮), 상단은 연꽃이 위를 향하는 모양의 앙련(仰蓮)으로 조각한다. 대좌의 윗면 즉 앙련 중앙의 연밥 자리에 불상이 안치된다.

　　　　　호류지를 지탱한 나무

였다. 즉 하나의 불상이 세 종류의 목재로 조립되어 있었다.

이것은 다음과 같이 해석할 수 있다. 먼저 앙련의 연꽃잎과 그 받침 부재에는 가이케이(快慶)***라는 이름이 있어서 가마쿠라시대에 대좌가 수리되었다는 사실을 분명히 알 수 있다. 그리고 대좌 윗면의 연밥 부분과 광배가 일본산 벚나무인 점을 통해, 후세에 삼국 전래의 적전단(赤栴檀)이라고 추앙받았던 이 불상도 처음 일본에 전래될 당시에는 지금 대좌 맨 아래의 복련 위에 석가상만 올려놓은 모습이었다는 것을 알 수 있다. 그것이 나중에 장엄을 더해 대좌를 두 단으로 하고 광배가 추가된 듯하다. 그것은 조넨이 당초에 세웠던 뜻을 바꿔 아타고야마에 세이료지를 건립하는 것을 단념하고 세이카지(棲霞寺)에 임시로 불상을 안치했던 사정 등에 견주어 보더라도 있을 수 있는 일이라 생각된다. 그때 중국의 앵두나무와 가장 비슷한 용재를 찾아 일본산 벚나무를 사용했던 것이다. 이것에 기초하여 '벚나무→단풍나무→계수나무'의 양상으로 산공재를 사용한 조각이 전개되어 갔다고 추정하는 것이 개연성 있다고 생각한다.

이상에서 헤이안시대 초기에 일시적으로 활엽수를 사용한 조각이 유행했지만 결국에는 히노키의 본류 속으로 흡수되어 점차 사용되지 않게 된 경위에 대해 설명했다. 이윽고 헤이안시대 중기에 들어와 유명한 조초(定朝, ?~1057)****가 출현하여 보도인(平等院)에 아미타여래상을 완성

*** 운케이(運慶)와 더불어 가마쿠라시대를 대표하는 불상 조각가. 가이케이는 당시까지 활동했던 조각가로서는 예외적으로 그가 제작한 대부분의 작품에 이름을 남겼다. 안아미타불(安阿彌陀佛)이라 불릴 정도로 아미타신앙을 독실하게 신봉했고, 실제로 제작한 작품도 아미타불상이 많으며, 그의 특징적인 작풍을 안아미타양(樣)이라고 했다.

하면서 히노키 조각의 기본형이 성립되었다. 그 이후로는 조각이라면 전부 히노키라고 해도 틀리지 않을 정도로 용재는 히노키 단 한 종류로 통일되어버렸다. 이 히노키 조각에서 나무 다루는 기법이 마침내 스키야 건축으로 이어져 일본 특유의 백목 문화를 형성해 갔다.

히노키와 참나무

앞에서 조각을 통해 히노키가 일본에 정착해 간 과정을 살폈다. 그런데 앞서 '고대인과 나무' 부분에서 설명했듯이 우리 조상들은 태고부터 이미 히노키를 건물에 사용하고 있었다. 그런데 이것은 헤이안시대에 들어와서 히노키가 정착했다는 것과 조금 모순되는 이야기가 아닌가 하는 의문을 갖는 사람도 있을 것이다. 이것에 대해서는 다음과 같이 대답하고 싶다.

　아스카시대 이전에 히노키가 건축에 사용되었던 이유는 벌채해서 용재를 만들어내기가 쉽고 잘 썩지 않기 때문이었다. 그러나 헤이안시대에 들어와 히노키는 나무 표면의 아름다움으로 인해 그 가치가 재발

**** 헤이안시대 중기에 활약한 불상 조각가. 불상 조각가로서는 처음으로 승려를 관리하는 승강(僧綱) 직에 올라 불상 조각가들의 사회적 지위를 향상시키는데 기여했다. 불상의 각 부분을 따로 만들어 조립해 완성하는 요세기즈쿠리(寄木造) 방식을 완성하고, 작풍에서는 이전까지의 중국풍 불상 조각에서 벗어나 일본의 고유한 와요(和様) 조각을 이루어 낸 인물로 높은 평가를 받고 있다. 그리고 불상 제작 집단의 세습화를 확립하여 후세에 불상 조각가들의 시조로 추앙받았다. 유명한 교토 우지시(宇治市)의 뵤도인 봉황당(鳳凰堂)의 본존 아미타여래좌상은 현존하는 그의 유일한 작품이다.

　　　　　　　　　호류지를 지탱한 나무

견되었다. 이것은 다음과 같은 의미를 갖는다. 태고에는 연장이 충분히 발달하지 못했기 때문에 나무를 벌채해 건축 용재를 만들어내는 것은 쉬운 일이 아니었다. 그중에서 히노키는 경도가 보통 정도이고 나뭇결이 곧기 때문에 쪼개기 쉽고, 기둥이나 판재를 만드는 것도 덜 까다로웠다. 게다가 히노키는 내구성이 좋기 때문에 굴립주와 같이 땅속에 묻어도 좀처럼 썩지 않는다. 이것이 태곳적 히노키가 건축 용재로 선택된 이유였다. 다만 그때는 아직 나무 표면의 섬세한 아름다움을 감상할 수 있는 여건이 갖추어지지 않았다.

그런데 나라시대 말기에 들어와 연장이 크게 발달했다. 그로 인해 비로소 히노키 표면의 아름다움이 발견되었다. 헤이안시대 초에 백목 조각이 출현한 것은 그것을 증명한다. 그렇게 해서 히노키는 목재의 왕자로서 지위를 확립하기에 이르렀다. 이상은 히노키가 일본에 정착하기까지의 역사를 설명한 것인데, 한 민족이 한 종류의 나무를 좋아한 사례는 유럽에도 있다. 예를 들면 영국이다. 그들은 참나무를 아주 좋아한다. 영국의 가구 용재 변천 과정을 조사해 보면,

참나무시대(1500~1660)

호두나무시대(1660~1720)

마호가니시대(1720~1770)

새틴우드(1770~1820)

로 변천해 갔는데, 그 기조를 이루는 나무는 변함없이 참나무였다. "동물의 왕은 사자이고, 나무의 왕은 참나무이다."라는 말이 있을 정도였다.

유럽의 나무와 생활의 역사 중에 재미있는 이야기 두세 가지를 소개한다. 그들이 좋은 나무를 원했던 것은 주로 가구의 용재였다. 유럽의

대확장 시대에는 새로운 땅을 발견할 때마다 새로운 종류의 나무가 배로 본국에 운송되어 그 나라의 가구 장인들에게 영향을 주었다. 그중에서 가장 주목되는 것은 마호가니의 발견이었다. 이 나무는 서인도제도, 중앙아메리카, 그리고 남아메리카의 콜롬비아에서 베네수엘라 북부에 걸쳐 나는 나무인데, 최초로 이 나무에 주목한 인물은 1595년 월터 롤리 경(Sir Walter Raleigh)을 수행해 탐험에 나섰던 한 명의 목수였다. 처음에는 변형이 적은 점과 넓은 판재를 얻을 수 있다는 점에서 평가를 받아 배나 주택의 용재로 사용되었다. 마호가니가 가구 용재로 본격적으로 각광을 받게 된 것은 18세기 후반에 들어와서의 일이다. 그것은 재질이 튼튼해서 조각을 베푼 가는 호족형(虎足形) 다리(Cabriole legs)에 사용할 수 있다는 것을 알게 되었기 때문이었다.

가구의 용재로 인기 있었던 또 한 가지 나무는 백향목(栢香木, cedar)이었다. 이것도 남아메리카의 가구장인들 사이에서 사용되고 있던 것이 유럽으로 건너가 영향을 준 것이었다. 당시 세계에 넓은 식민지를 가지고 있던 포르투갈이나 스페인에서는 본국으로 수입된 목재로 인해 그 나무에 적합한 새로운 양식의 가구가 생겨날 정도였다. 이렇게 유럽 사람들은 널리 세계의 식민지에서 나무를 구했는데, 그중에서 로그우드(logwood)와 같이 주로 염료로 사용되던 나무도 있었다. 당시 섬유는 주로 식물 염료를 사용하는 초목염(草木染) 방식으로 염색했는데, 이 나무는 '검은색 염료를 얻는 나무'로 최고의 평가를 받았다.

지금까지 나는 종종 일본인들은 히노키를 중심으로 독특한 나무 문화를 키워왔다고 했다. 그것을 조금 더 분명히 하기 위해 다른 나라와 비교해 보자. 일본과 가장 가까운 문화를 가진 나라는 한국이다. 시바 료타로(司馬遼太郎, 1923~1996)는《일본의 한국문화(日本の朝鮮文化)》라는 책에서

호류지를 지탱한 나무

다음과 같이 적고 있다.

"인종으로 볼 때 퉁구스(Tungus) 계통에는 한국인이나 일본인도 포함된다. 즉 옛날 기마민족이라 불리던 민족의 후예가 우연히 한반도에 정착한 것이 한국인이고, 일본열도에 정착한 것이 일본인으로 불리고 있는 것뿐이다."

사실 한국에 가서 박물관에서 오래된 출토품이나 조각, 그림 등을 보고 있으면 그 방면으로 문외한인 나에게는 마치 일본의 박물관에 있는 것 같은 착각이 든다. 그 정도로 공통점이 많다. 그러나 밖으로 나와 건물을 보면 역시 다른 나라구나 하고 생각하게 된다. 집이 나무로 되어 있지 않기 때문이다. 그리고 조금 더 자세히 나무를 다루는 방식을 보면 정말 일본은 나무의 나라라는 믿음이 깊어진다. 이 차이는 한국이 옛날부터 나무의 혜택을 입지 못했기 때문에 생겨난 듯하다.

지금도 한국의 목재 자원은 빈약하다. 토질이 화강암이 풍화된 사질토와 화강편마암이 풍화된 점토질이 대부분을 차지하고 있어서 식생이 일본보다 훨씬 단순하기 때문이다. 유용한 수종을 들자면 산지에서 자라는 나무로는 소나무, 곰솔, 낙엽송, 전나무, 솔송나무, 섬잣나무, 참나무, 자작나무, 황철나무 정도가 있고, 평지에서 자라는 나무로는 소나무, 곰솔, 포플러, 아카시아, 버드나무, 오동나무 정도가 있다. 《일본서기》에는 이타케루노 미코토(五十猛命)가 다카아마가하라(高天ヶ原)로부터 나무를 가지고 강림해 한국에는 심지 않고 일본에 심었다는 이야기가 있는데 실제로도 그 내용과 부합하는 듯하다.

예를 들어 한국의 대표적인 목조 문화재는 해인사와 불국사인데, 그 가람을 보더라도 굽은 소나무나 마디투성이인 밤나무나 참나무 등이 섞여 있어 일본의 목조건축에 익숙한 눈에는 이상하게 보일 정도로 무신경한 나무 사용방식이다. 고대에 일본의 고야마키 관 용재가 한국으로 보내진 것도 그런 사정이 있었기 때문일 것이다.

　서민의 주택에는 부분적으로 나무를 사용하고 있으나 용재는 소나무이고 그것 이외의 수종은 볼 수 없다. 그리고 실내에도 나무 표면의 아름다움을 살린 곳이 없다. 가구를 예로 들면 일본이라면 어느 집에 가더라도 오동나무로 만든 장롱이 있다. 한국에서 이것에 해당하는 것은 매끈하게 옻칠한 자개장인데, 놀라운 점은 그 가구의 재료도 모두 소나무라는 것이다. 이것은 일본에서는 도저히 생각할 수도 없는 일이다. 소나무로는 표면의 아름다움을 살릴 수가 없다. 그래서 한국에서는 나무 표면을 감추는 기술이 발달해 자개장이 보급되었을 것이다. 문화 이외의 면에서는 공통점이 많지만 나무에 관한 한 이렇게 다른가 하며 진지하게 생각하게 되었다.

호류지를 지탱한 나무

제 6 장

고대의 목재 운송

야마토평야와 사원의 건립

앞의 제2장에서 나는 일본의 목재 자원은 우려할 만큼 부족한 상태라고
했다. 부족한 상태에는 두 가지 의미가 있다. 하나는 양의 부족이고 다른
하나는 질의 저하이다. 질의 저하는 큰 나무의 결핍을 의미하는데 이 문
제를 도다이지(東大寺), 에도성(江戸城)과 연관지어 생각해 보자.

목재는 부피가 큰 재료이기 때문에 항상 수송 문제가 따른다. 과장
해서 말하면 목재 가격의 대부분은 수송비라고 해도 무방할 정도이다.
그러면 옛날로 되돌아가 보자. 당시에는 벌채도 물론 어려운 일이었지
만 수송은 더욱 어려운 문제였다. 니시오카가 히노키를 구하기 위해 타
이완의 산속까지 간 것을 통해서도 추측할 수 있다. 목재의 수송 문제를
고려하지 않고 옛날의 목재 수급을 이야기하는 것은 불가능하다. 이런
측면에서 도다이지 건물의 변천은 대형 목재의 수송 사정을 알 수 있는
좋은 주제가 된다. 그리고 에도성은 하나의 건물을 만드는데 목재가 얼
마나 사용되었는지 알 수 있는 적합한 대상이다. 그래서 이 두 가지 사례

를 가지고 목재의 수송에 대해 설명해 보겠다.

옛날에는 말할 것도 없이 삼림자원은 풍부했고 양질의 큰 나무도 풍족했다. 이것은 상상이 아니라 우리 주위에 현존하고 있는 많은 문화재를 통해 알 수 있다. 그러나 옛날이라고 해서 자원이 무진장 있었던 것은 물론 아니었다. 역사시대에 들어가면서 바로 목재 부족 현상이 나타났다. 그리고 당시의 용재 확보에는 지금 우리가 상상하는 것보다 훨씬 커다란 문제가 있었다.

일본 문화사에서 최초로 일어난 가장 큰 변혁은 불교의 전래이다. 이것은 당시 사회나 생활을 정신적, 물질적으로 근본부터 흔드는 커다란 사건이었다. 흡사 메이지 초기에 서구의 과학 문명이 수입되어 경이와 혼란의 폭풍이 휘몰아쳤을 때와 비슷한 사정이었을 것이다.

불교의 전래로 사원의 건축이 시작되었고, 동시에 도성의 건설도 이루어졌다. 그때까지 굴립주 구조의 작은 집에 살거나 움집 생활을 주로 하던 사람들에게 신양식의 목조건축을 올려다보는 것은 메이지 초기에 일본인들이 적벽돌로 지은 고층 건축을 보고 경탄한 것과 같은 기분이었을 것이다.

쇼토쿠태자 시대에 건립된 것으로 확인된 큰 사찰만 해도 20개소에 달한다고 하니 그 사정은 쉽게 추정할 수 있다. 그중 가장 유명한 사찰이 호류지로, 1300년이 지난 지금도 여전히 창건 당시의 웅장한 모습을 전하고 있다.

당시에는 천황이 바뀔 때마다 도성을 옮겼는데 도성 건설에서 첫 번째로 필요한 것은 목재였다. 궁궐뿐만 아니라 그것에 수반되는 신하들의 주택이나 도로 공사 등도 포함해 막대한 양의 목재가 소비되었다. 지금은 건설재료로서 목재는 철과 콘크리트에 주도권을 내주고 제2,

제3의 재료로 밀려났지만, 얼마 전까지만 해도 목재 없이 건축과 토목은 생각도 할 수도 없었기 때문에 당시 목재에 대한 요구의 정도는 지금 우리가 생각하는 것보다도 훨씬 강했다. 따라서 가까운 곳의 숲부터 급속하게 벌채되어 갔다.

숲은 한 번 벌채 되어버리면 복구하기가 좀처럼 쉽지 않다. 더구나 고대에는 자원 공급처의 범위가 좁은 지역에 한정되어 있었기 때문에 아름다운 숲이 많았던 야마토 지방도 점차 황폐해져가는 운명을 피할 수 없었다. 결국 그 중심이었던 아스카가와(飛鳥川) 역시 적은 비에도 홍수가 나서 흙이 떠내려가고 강여울의 모양이 변해 버리는 일이 잦았다.

헤이안시대 전기의 시문집《고금집(古今集)》에

"아스카가와의 깊은 소(淵)가 얕은 여울(瀬)이 되는 세상일지라도 사모하기 시작한 사람은 잊지 않으리라."

라는 표현이 있다는 것은 이 당시의 사정을 말해준다. 그래서 아스카가와가 발원하는 산 이나부치야마(稲淵山)를 야마토삼산(大和三山)*과 함께 벌채를 금하는 금벌림(禁伐林)으로 정했으나 급속도로 진행되는 황폐화는 막을 수 없었던 듯하다. 태평양전쟁으로 일본의 산림은 황폐해져 버렸다. 그로 인해 전쟁이 끝난 뒤로 해마다 홍수로 고생하고 있는데, 산이 황폐해지면 홍수가 일어난다는 것은 이미 2000년도 훨씬 이전의 옛날부터 알고 있었다.

목재는 부피가 크고 수송이 곤란하기 때문에 당연히 가까운 산에서 베어 냈다. 따라서 새로 도성을 옮기면 얼마 지나지 않아 주위의 산은 남

---

* 나라현의 나라분지 남부 아스카 주변에 솟아있는 아마노카구야마(天香久山), 우네비야마(畝傍山), 미미나시야마(耳成山)의 세 산

벌되어 순식간에 목재 부족과 수해 문제가 발생하게 된다.

나라에 헤이조쿄(平城京)를 건설하기 전에는 그 남쪽의 후지와라쿄(藤原京)*가 도성이었다. 당시 도성을 옮기기 위해 사람들이 배를 타고 하세가와(初瀨川)를 내려가 다시 사호가와(佐保川)를 거슬러 올라 나라에 갔다는 사실이 기록을 통해 확인되었다. 지금은 이 강의 수량이 매우 적어서 이 강을 취수원으로 하는 오사카의 사카이시(堺市)에서는 매년 여름 단수로 어려움을 겪고 있지만 옛날에는 훨씬 수량이 풍부했다는 것은 위의 기록을 통해서도 알 수 있다. 당연히 숲도 건재했을 것이다.

간무천황(桓武, 781~806 재위) 시대에 들어와 야마토가와의 범람이 심해지자 와케노 기요마로(和氣淸麿, 733~799)가 강을 정비하려고 기획했지만 결국 실패하고 말았다. 그 유적은 현재 오사카시 덴노지구(天王寺區)에 가와호리초(河掘町)라는 지명으로만 남아있다. 이것 역시 개발로 인해 산림이 남벌되고 그로 인해 토사의 유출이 심해져 홍수 피해가 생겼기 때문일 것이다.

당시의 목재 부족 정황을 알 수 있는 또 다른 사례가 있다. 그것은 지토천황(持統, 690~697 재위)이 후지와라쿄에 궁궐을 지을 때 멀리 시가현(滋賀縣) 비와호(琵琶湖)의 출수구 인근에 있는 다나카미야마(田上山)에서 히노키를 운반해왔다는 것이다. 당시 비와호에서 후지와라쿄까지 목재를 운반한다는 것은 보통 일이 아니었다. 그럼에도 그렇게 먼 곳까지 목재를 구하러 갔다는 것은 이미 당시에는 야마토평야 주변에서 필요한

---

* 나라현 중부의 가시하라시(橿原市)와 아스카무라(明日香村) 일대에 있었던 아스카시대의 마지막 도성이다. 694년부터 710년까지 경영되었고 일본에서 처음으로 중국의 도성 제도를 도입하여 격자형으로 계획한 도성이었다.

호류지를 지탱한 나무

크기의 재목을 얻을 수 없었다는 것을 말해준다.

다나카미야마는 비와호의 물이 세타가와(瀨田川)로 흘러나가는 곳의 남쪽에 있다. 지금은 처참한 모습의 황폐한 산이지만, 옛날에는 히노키의 거목이 울창하게 뒤덮고 있어서 도다이지를 지을 때에도 종종 그 이름이 거론될 정도로 옛날부터 목재 공급에 크게 공헌했던 산이다. 나무의 약탈이 반복되었을 때 숲이 얼마나 급속하게 황폐해 버리는지는 이 다나카이야마의 예를 통해서도 잘 알 수 있다.

기즈가와의 수리

후지와라쿄가 건설되고 난 뒤 얼마 되지 않은 겐메이천황(元明. 707~715 재위) 3년(710)에는 헤이조쿄의 조영이 시작되었다. 헤이조쿄는 당시 중국 당나라의 도성 장안(長安)의 도성제도를 따라 계획했기 때문에 도성 건설에 필요한 목재의 양도 상상 이상으로 막대했을 것이다. 그 사정에 대해서는 뒤에서 이 시대의 대표적인 유구인 도다이지를 사례로 들어 설명하겠지만, 도다이지만 보더라도 가람 조영에 사용된 건축 재료의 양은 경이로울 정도였다.

그런데 이렇게 막대한 양의 목재를 어디서 어떻게 공급했던 것일까? 이미 나라시대 초기에 야마토평야 주위의 산림은 황폐해져 목재 자원은 부족한 상태였다. 이것에 대해서는 앞에서 이미 설명했다. 물론 목재는 운반의 용이성 때문에 가능하면 가까운 곳에서 구하려고 했겠지만, 나라는 분지이기 때문에 둘레의 산을 넘어 목재를 운반해 와야만 했다. 당시의 목재 운반에 사용된 방법은 나무를 하나하나 강에 흘려보내거나 뗏목을 만들어 띄워 보내거나 아니면 배로 운반하는 것이었으므로 당연히 강이 중요한 역할을 하게 된다.

그런 조건에서 큰 역할을 한 것이 기즈가와(木津川)이다. 기즈가와는 이가노쿠니(伊賀國) 일대와 야마토의 지류가 합류해 가사기(笠置)에서 기즈(木津)에 이르고, 여기서 북쪽으로 꺾여 요도(淀)에 이르며, 다시 우지가와(宇治川)와 가츠라가와(桂川)와 합류해 요도가와(淀川)를 이뤄 오사카만으로 흘러나간다. 이러한 지리적 조건을 가지고 있기 때문에 기즈가와는 후세에까지 야마토지방의 주요 운송로의 하나로 경제면에서 큰 공헌을 했다. 그래서 주요 목재의 공급지는 기즈가와로 통하는 비와호 연안의 오우미(近江) 지방과 단바(丹波) 그리고 이가(伊賀) 지방이었다. 오히려 거리가 더욱 가까운 기이(紀伊), 하리마(播磨),* 시코쿠(四國) 지역의 목재가 이용되지 않은 것은 운송의 어려움 때문이었다.

기즈가와는 옛날에는 이즈미가와(泉川)로 불렸다. 지금의 기즈초(木津町)도 옛 명칭은 이즈미츠(泉津)였다. 《백인일수(百人一首)》**에서 '미카노하라(みかの原) 옆을 흐르는 이즈미가와(泉川)'라고 읊고 있는 곳은 지금의 기즈가와에 해당하며, 미카노하라는 기즈의 강 건너편 일대의 지명이었다. 이즈미츠는 동쪽에서 흘러온 강이 북쪽으로 꺾이는 지점에 해당하며, 당시에는 나라 지방에서 교토 지방으로 통하는 중요한 나루였다. 그래서 목재의 집산지로도 번성하면서 결국에는 기즈(木津)로 불리

---

*　지금의 효고현(兵庫縣) 서부

**　100명의 가인(歌人)이 지은 와카(和歌)를 한 사람당 한 수씩 뽑아서 묶은 것으로, 특히 후지와라노 사다이에(藤原定家, 1162~1241)가 교토 오쿠라야마(小倉山)의 산장에서 뽑은 《오쿠라백인일수》가 대표적이며, 보통 백인일수라고 하면 이것을 가리킨다.

호류지를 지탱한 나무

도다이지 용재의 수송로

게 되었고, 강 이름 역시 이즈미가와에서 기즈가와(木津川)로 변한 것이다. 이처럼 이즈미츠가 기즈로, 이즈미가와가 기즈가와로 이름까지 변한 것을 보더라도 이 강이 목재 운송에 얼마나 중요한 역할을 했는지 짐작할 수 있다.

기즈에 모인 목재는 우타히메고에(歌姫越)의 언덕을 넘어 나라로 운반되었다. 이 수송로는 이미 후지와라쿄의 궁궐을 지을 때부터 이용되기 시작한 듯하며, 나중에 점차 이용이 활발해져 도다이지 대불전을 건립할 때도 세 번에 걸쳐 이 길이 이용되었다. 이 수송로가 열리고 비로소 도다이지의 건물을 조성하는 것이 가능하게 되었다고 해도 결코 과언이 아닐 것이다.

그런데 목재의 공급과 관련해 처음에는 기즈가와 상류에서 나무를 벌채했지만, 이후에는 멀리 츄고쿠, 시코쿠, 규슈 등지에까지 가서 나무를 구하게 되었고 역시 이 수송로를 통해 나라로 운반해 왔다.

유명한 나라의 하세데라(長谷寺)의 본존 십일면관음상의 조성 유래에는 다음과 같은 전설이 있다. 오우미노쿠니(近江國)의 다카시마군(高島郡)에 있는 바쿠렌게(白蓮華)라는 계곡에 길이 10장(丈) 남짓 되는 녹나무 고목이 있었는데, 이것이 큰비에 떠내려가 기즈의 포구에서 69년 동안이나 떠돌다가 야마토야기(大和八木), 다이마(當麻)로 옮겨졌고, 이후 하세(長谷)의 강가에 방치되어 있었다. 이후 진키(神亀) 4년(727)에 그 나무로 불상을 조각했다는 것이다. 이것은 당시의 불상 용재가 앞에서 설명한 경로를 거쳐 나라로 옮겨졌다는 것을 전하는 이야기로 생각된다.

그리고 헤이안시대 초기에 편찬된 《속일본기(續日本記)》에 의하면 나라 사이다이지(西大寺) 서탑의 재료는 오우미노쿠니의 시가군(滋賀郡)에서 가져왔다고 한다. 역시 나라 홋케지 금당의 용재는 이가 지방 외에도 단바와 비와호 북안의 다카시마 지역에서도 가져왔다는 사실이 쇼소인 문서(正倉院文書)에 기록되어 있다. 모두 기즈를 경유하는 것이었다.

이렇게 시대의 추이와 더불어 기즈가와를 이용하는 목재의 양은 점점 증가했고 더불어 주위의 숲은 점차 황폐해졌다. 그리고 이후로도 장기간에 걸친 남벌로 인해 그토록 아름다운 숲을 자랑하던 고슈(江州)나 이가의 산림도 결국에는 지금과 같이 빈약한 모습이 되고 말았다. 특히 다나카미야마는 지금은 산사태 방지를 위한 사방공사(砂防工事)로 유명한 민둥산이 되어버렸지만, 옛날에는 멀리 후지와라쿄까지 보낼 정도로 질 좋은 히노키가 많았다. 그러나 이러한 요도가와 상류의 막대한 목재

　　　　　　　　호류지를 지탱한 나무

의 남벌은 결국 산림의 황폐를 초래했고, 이로 인해 토사가 끊임없이 흘러내려 마침내 지금 오사카의 땅이 만들어진 것이다.

도다이지의 건립

그 이후의 목재 사정은 도다이지 건물의 변천을 통해 보면 가장 이해하기 쉽다. 도다이지의 대불전은 창건 이후 두 번이나 전란으로 소실되었다. 현재 건물은 세 번째 조영에 해당하는 것이다. 그래서 규모도 작아졌고 장려함도 이전만 못하다. 그럼에도 세계 최대의 목조건축물이라는 것을 생각하면 당초의 건물이 얼마나 웅대하고 장려했는지 상상하는 것은 어렵지 않다.

도다이지의 건립 과정에 대한 상세한 설명은 생략하고 설명의 편의를 위해 필요한 것만 다음과 같이 간단히 적어 둔다. 도다이지는 정교일치(政教一致)의 이상국가를 구현하려는 쇼무천황(聖武, 724~749 재위)의 강한 염원에 의해 건립되었다. 즉 도다이지를 총국분사(総國分寺)*로, 홋케지를 총국분니사(総國分尼寺)로 각각 정해 국가신앙의 중심을 이 두 절에 두었다. 대불전은 도다이지의 금당으로 가람의 정전에 해당하며 그 안에 금동 비로자나불이 안치되었다. 높이 5장 3척 5촌(16.2m)에 달하는 대불을

---

* 쇼무천황은 741년에 칙명을 내려 전국 각지에 국가 수호를 기원하는 국분승사(國分僧寺)와 국분니사(國分尼寺)를 건립해 각각 비구(남자 승려) 20명과 비구니(여자 승려) 10명을 두게 하고, 도성에는 도다이지(東大寺)와 홋케지(法華寺)를 건립해 각각 전국의 국분승사와 국분니사를 통괄하는 총국분사와 총국분니사로 정했다.

도다이지 대불전

주조하는 것은 아주 큰 일이었지만, 대불뿐만 아니라 가람 자체도 지금은 상상도 할 수 없을 정도로 웅대한 규모를 가지고 있었다. 즉 사방 약 1리 넓이(약 4㎢)의 사역 안에는 중앙에 대불전이 남향하고, 그 주위를 회랑이 두르고, 회랑의 네 면에 중문을 내고, 남쪽 정면에는 남대문을 두었으며, 그 외에도 서대문, 중어문(中御門), 전해문(轉害門)을 세웠다. 또 경내에는 수많은 승방이 처마를 맞대며 늘어서 있는 상상을 초월하는 웅대한 규모였다.

그 가운데 창건 당시의 건물로 지금까지 남아있는 것은 쇼소인을 비롯해 겨우 2, 3동에 지나지 않지만, 현재 그 쇼소인이 차지하고 있는 위상을 생각하면 덴표문화가 얼마나 찬란했는지 그리고 당시의 도다이지가 얼마나 화려했는지 상상할 수 있을 것이다.

쇼무천황은 743년 10월 15일 오우미의 고카군(甲賀郡) 시가라기노 사토(信樂の鄉)에서 대불주조 발원의 명을 내렸다. 아마도 불전 건립에 막대한 목재가 필요하기 때문에 자재 조달의 용이성을 고려해 이가지방이 선정되었을 것이다. 이어서 744년에는 고카데라(甲賀寺)를 짓고 대불 주조에 착수했다. 그러나 여러 가지 사정이 있어 결국 처음의 뜻을 바꿔 바로 도성 헤이조쿄로 돌아오게 되었다. 그리고 지금의 도다이지 자리에 대불전 건립의 대사업이 시작되었다. 그 후 약 10년 동안 막대한 인력이 동원되어 상상을 뛰어넘는 노력을 쏟아 752년에 드디어 가람이 완성되었다.

창건 당시의 도다이지는 가람의 규모가 장대했고 대불전 역시 지금보다 훨씬 컸다. 지금의 대불전은 창건 당시의 크기에 비하면 전체 면적으로는 약 66%, 그중에서 불단이 설치되는 중앙의 내진 부분 면적은 약 44%밖에 되지 않는다. 구조도 당초에는 중층에 정면 11칸, 측면 7칸이었으나 지금은 정면이 7칸으로 줄어들었다. 처음에는 균형 잡힌 장방형 평면이었지만, 지금은 정방형에 가깝게 되어 균형을 잃고 외관의 아름다움도 크게 줄어들고 말았다. 이렇게 된 가장 큰 이유는 뒤에서 설명하는 것처럼 목재 부족 때문이었다.

대불전 건립에는 막대한 목재가 소요되었다. 당시에 사용되었던 기둥의 수를 계산해 보면, 주요 큰 기둥은 지름 약 3척 5촌(1.06m) 이상, 길이 100척(30.3m) 정도의 용재가 84개나 사용되었다. 이 기둥은 하나만 하더라도 그 부피가 100고쿠(石)*에 달한다. 기둥뿐 아니라 다른 용재도 마

---

* 고쿠(石)는 일본의 전통적인 부피 단위로, 1고쿠는 10입방척(尺), 약 278리터(t), 0.278m³에 해당한다.

찬가지로 막대한 목재가 필요했다. 임학자 에자키 마사타다의 조사에 의하면 대불전에 사용된 목재의 총량은 약 53,300여 고쿠(14,800㎥) 정도로 추정된다. 대불전에 사용된 것만 이 정도이며, 여기에 탑, 대문, 강당 및 다수의 승방과 부속건물까지 더하면 도다이지에 사용된 목재의 양은 계산할 수 없을 정도로 막대했다.

이처럼 대량의 목재가 어디서 어떻게 운반되어 왔을까. 옛 기록에는 창건 당시의 목재에 대한 내용은 적다. 쇼무천황이 내린 조칙에는 '큰 산을 깎아 불당을 지으라'라는 것과 가람의 건물과 큰 기둥의 수량은 적혀있지만, 목재 전체의 수량, 산지, 운송 방법 등은 관련 내용이 없기 때문에 알 수 없다.

앞에서 설명했듯이 당시 야마토평야에는 이미 양질의 재목이 거의 남아있지 않았다. 그래서 용재를 구하기 위해 당연히 기즈가와, 우지가와 연안, 그리고 비와호를 이용해 멀리 히라산맥(比良山脈)이나 고카군의 야스가와(野洲川) 유역까지 숲을 찾아갔을 것이다. 유명한 이시야마데라(石山寺)는 비와호의 물이 세타가와를 이루어 흘러나가는 곳에 있는데, 당시 비와호로 운송된 목재를 검수하기 위해 도다이지의 로벤(良弁, 689~773)* 승정(僧正)이 건립한 절이다. 이것을 통해 당시 수송 사정의 한

---

* 백제 멸망 이후 일본에 건너온 백제 왕의 후예로, 일찍이 불문에 들어 법상종과 화엄종을 익혔다. 733년 지금의 도다이지 법화당(法華堂) 자리에 곤쥬지(金鐘寺)를 지어 주석하며 수행했다. 742년 곤쥬지가 총국분사로 정해지자 쇼무천황을 도와 대불을 주조하고 가람을 완성했다. 이 과정에서 사찰 명칭이 곤고묘지(金光明寺), 도다이지로 바뀌었다. 가람이 완성되자 공적을 인정받아 도다이지를 총괄하는 초대 별당(別當)이 되었고, 773년에는 당시 승관(僧官)의 최고 지위인 승정(僧正)에 임명되었다. 현재 도다이지 개산당(開山堂)에는 로벤승정좌상(국보)이 안치되어 있다.

면을 추정해 볼 수 있다.

이렇게 목재는 수운을 이용해 운송되었는데, 기즈가와를 통해 기즈에 모이고, 여기서 다시 사람이나 소의 힘으로 육로로 나라분지를 둘러싼 언덕을 넘어 도다이지로 수송되었던 것이다. 그 밖의 필요한 물자도 대부분 이런 경로를 거쳤을 것이다. 도다이지 창건에 사용된 숯의 양 역시 막대했다. 이것은 주로 주조나 도금에 사용되었는데 앞서 소개한 에자키의 조사에 의하면 총량이 4만 수천 섬은 되었을 것이라고 한다.

하여간 이렇게 10년에 가까운 긴 세월과 막대한 물자를 들여 국가의 총력을 기울인 결과 드디어 대불전과 수많은 부속 건물이 완성되었다. 당시 사람들은 몽상조차 할 수 없었던 대장엄의 세계가 눈앞에 현실이 되어 나타났으니 그 놀라고 기뻐하는 모습을 상상하기는 어렵지 않다. 이렇게 건립된 도다이지가 얼마 지나지 않아 병화로 소실되는 비운을 맞게 된다. 바로 겐페의 난(源平の亂)**이 일어난 1180년(治承 4)의 일이었다.

다이라노 기요모리(平淸盛, 1118~1181)의 명으로 토벌군이 나라의 도다이지와 고후쿠지(興福寺)로 향했고, 12월 28일 강풍이 불던 밤 다이라노 시게히라(平重衡, 1157~1185)의 군대가 도다이지를 향해 불을 놓았다. 이 병화로 덴표문화의 정수가 집약된 일찍이 본적 없던 대건축은 마침내 불

** 헤이안시대 말 1180년에 일어나 1185년까지 이어진 대규모 내란. 고시라카와(後白河) 법황(法皇)의 아들 모치히라토(以仁) 왕의 거병을 계기로 각지에서 다이라노 기요모리(平淸盛, 1118~1181)를 중심으로 하는 헤이씨(平氏) 정권에 대항하는 반란이 일어나 반란세력들 간의 대립도 있었으나, 결과적으로는 헤이씨 정권이 붕괴되고 미나모토노 요리토모(源賴朝, 1147~1199)를 중심으로 하는 가마쿠라 막부(鎌倉幕府)의 수립으로 이어졌다.

에 타서 무너지고 말았다. 당시 모습은 고서에 상세히 적혀있는데 아무리 안타까워해도 통한이 남는 사건으로, 불교의 가르침에 나오는 '살아 있는 것은 반드시 죽고, 만나면 반드시 헤어지게 된다(生者必滅, 會者定離)'는 이치를 진정으로 느끼게 해 주는 사건이었다. 기록에는 이듬해 2월이 되어도 큰 산처럼 쌓인 잿더미 속에서 검은 연기가 하늘로 피어올라 천하의 모든 사람이 탄식하며 어찌할 바를 몰라 했다고 적고 있다.

도다이지의 재건

고시라카와(後白河) 법황(法皇)*은 도다이지의 소실을 뼈저리게 비통해하고 곧 재건의 명을 내렸다. 당시 국가 정세는 후지와라(藤原) 일족의 전횡이 이어진 끝에 겐페의 난이 일어나 국력이 극도로 피폐해져 있었기 때문에, 동서 290척(87.87m), 남북 170척(51.5m), 용마루 높이 150척(45.45m)이나 되는 대불전을 이전의 규모로 다시 짓고, 그것에 부속되는 남대문, 중문, 회랑 등을 재건하는 대공사는 보통 일이 아니었다. 당시 고야산(高野山)**에 순조보(俊乘坊) 조겐(重源, 1121~1206)***이라는 걸출한 승려가 있어서 그의 노력으로 재건의 대사업이 완수되었다.

---

*   천황이 직위를 양위하고 물러나면 상황(上皇)이라 존칭하고, 상황이 불법(佛法)에 귀의하면 법황이라고 한다.

**   와카야마현 북부의 이토군(伊都郡) 고야초(高野町) 일대의 지명으로, 헤이안시대 초 당나라에서 진언밀교를 배우고 돌아온 구카이(空海, 774~835)가 사가천황(嵯峨, 809~823 재위)으로부터 땅을 하사받아 사원을 지어 진언종(眞言宗)의 거점이 되었다.

당시 계획으로는 대불전의 기둥은 지름 5.5척(1.67m), 길이 50~100척(15.15~30.3m) 이상 되는 것이 92개, 또한 각각 지름 3~4척(0.91~1.21m), 5~6척(1.52~1.82m)에 길이가 120척(36.36m), 130척(39.39m) 되는 큰 보와 기둥 용재가 필요했는데 그 목재를 구하기가 쉬운 일이 아니었다.

다방면으로 수소문한 끝에 마침내 스오노쿠니(周防國, 지금의 야마구치현)에서 목재를 구하기로 했다. 그런데 막상 조겐이 휘하 사람들을 이끌고 배로 세토내해(瀬戸内海)를 건너 들어가 보니 겐페의 난으로 인해 스오노쿠니 일대는 극도로 피폐해 있었다. 조겐 일행은 우선 배에 있던 쌀을 풀어 사람들을 구제한 다음 심산유곡을 누비며 좋은 재목을 찾아다녔다. 적절한 재목을 찾은 이에게 쌀을 나눠주며 장려하는 방식을 취했기 때문에 벌목꾼들은 크게 분발하여 계곡과 봉우리를 마다않고 나무를 찾아다녔고 성과는 좋았다. 그러나 기둥 하나의 길이가 100척이나 되는 큰 용재였기 때문에 그런 나무를 베어서 끌어내는 일은 여간 어렵지 않았다. 재목 하나하나마다 녹로(轆轤)****를 2개씩 설치하고 굵은 동아줄을 매어 양쪽에서 당겼다. 동아줄은 굵기가 지름 6촌(寸, 약 18cm), 길이가 50장(丈, 약 151.5m)이나 됐고 녹로를 돌리는 데는 인부가 70명이나 동원되었다. 녹로를 설치하지 못한 경우에는 1,000여 명의 인부가 동아줄을 당

*** 가마쿠라시대 초에 도다이지 재건을 위해 대권진(大勸進)이 되어 재정을 모으고, 송나라 출신 기술자 천허칭(陳和卿)의 도움을 받아 기술자들을 이끌어 재건 공사를 완성했다. 재건된 건물에는 당시까지 일본에서는 생소한 대불양(大佛樣)이라는 새로운 양식이 도입되었는데, 이것은 중국 남방의 푸지엔성(福建省) 일대의 건축양식으로, 기둥과 기둥 사이에 누키(貫)라고 하는 인방재를 여러 개 꿰어 고정하는 것이 대표적인 특징이다. 당시 재건되어 현존하는 건물 중에는 남대문이 전형적인 대불양의 특징을 잘 간직하고 있다.

**** 활차(도르래)를 이용해 무거운 물건을 끌거나 들어올리는 기구

겼다. 또 운반하기 위한 도로를 만드는 것도 큰일이어서 깊이 수십 장이나 되는 계곡을 메워 평평하게 만들거나 거대한 바위를 부수어 길을 뚫고, 밀림을 베고 가시덤불을 걷고, 큰 다리를 놓아 계곡을 건너고, 혹독한 추위와 더위를 견디며 있는 힘을 다해 그 어려운 일을 해냈다.

그렇게 구한 목재였지만 모두가 양질의 재목은 아니라 속이 비거나 여기저기 손상된 것들도 제법 있어서 실제로 사용할 수 있는 나무는 그리 많지는 않았다. 베어낸 목재는 강을 통해 바다로 흘려보냈는데 이것 역시 큰일이었다. 사바가와(佐波川)의 하류 7리(28km)는 물이 얕아 목재를 띄워 보낼 수 없었기 때문에 강을 막아 댐을 만들어 물을 채운 다음 차례로 하류로 흘려보냈는데 7리 구간에서 강을 막은 곳이 180군데나 되었다. 또 산을 깎아 길을 낸 구간도 총 8리(32km) 남짓이나 되었다. 그래서 인부들은 손발이 문드러지고 완전히 탈진해 버렸다고 한다.

이렇게 해서 세토내해로 운반된 목재는 배에 실려 오사카만으로 가고, 여기서 요도가와로 들어가 기즈가와를 거슬러 기즈에 모였다가 다시 산을 넘어 나라로 운반되었다. 당시 뗏목은 조겐 스님이 특별히 고안해 낸 것인데, 목재를 묶어 끌어당길 줄로 쓸 덩굴풀이 스오노쿠니에서 나는 것만으로는 감당할 수 없어서 다른 지역에서도 구해와 썼다. 목재를 엮은 뗏목이 기즈에 닿았을 때에도 강이 얕아 여러 가지 수단이 강구되었는데, 뗏목 앞뒤에 각각 배를 2척씩 묶어 나무가 떠오르게 하는 교묘한 방법을 사용했다. 기즈에서 도다이지까지의 육로 운송은 큰 수레에 소 120마리가 붙어 끌었고, 여기에 더해 황실과 관료를 비롯한 세속 신자들도 여럿이 붙어 줄을 당겼다. 법황을 비롯해 궁녀들까지 여기에 힘을 보탰다. 이 줄을 잡는 것으로 본존 비로자나불과 인연을 맺을 수 있다고 믿었기 때문이었다.

호류지를 지탱한 나무

이러한 가마쿠라시대 사람들의 범상한 노력 덕분에 소실 후 15년이 지난 1195년 도다이지는 예전의 위용을 회복할 수 있었다. 실로 절대적인 노력의 결정체였다.

사족으로 가부키(歌舞伎)에서 유명한 권진장(勸進帳)에 대해 몇 자 적는다. 권진은 기부를 뜻하는 말이며, 도다이지 재건을 위해 정부에서 특별 허가를 받아 교부한 기부 취지서가 권진장이다. 오슈(奧州)로 도망간 미나모토노 요시츠네(源義経, 1159~1189) 일행은 마치 이 권진장을 지니고 있는 것처럼 보이게 하여 아타카노 세키(安宅の関)를 무사히 통과할 수 있었다. 이것을 가부키 극으로 만든 것이 권진장이다.

그런데 각고의 노력을 기울여 재건한 가람과 대불도 1567년 마츠나가 히사히데의 난(松永久秀の乱)으로 다시 소실되고 만다. 그 경위에 대해서는 지면 관계상 생략한다.

그 후 얼마 지나지 않아 대불은 야마다 도안(山田道安, ?~1573)*에 의해 수리되었다. 대불은 그 후로도 100여 년 동안 야외에 방치되어 있다가 1692년에 현재의 세 번째 대불전이 겨우 완성되었다.

현재의 대불전

마지막 겐로쿠(元祿, 1688~1704) 연간의 복원에서는 당초의 규모를 축소해

---

* 센고쿠시대(戰國時代, 1467~1590)에 활동한 무인(武人) 화가이며, 지금의 나라현 덴리시(天里市)에 있던 야마다성(山田城)의 성주였다. 전란으로 녹아내린 도다이지 대불을 1568년 무렵에 수리했다.

건물을 작게 만들었다. 축소된 비율은 면적을 기준으로 보면 60% 남짓
이었다. 이렇게 계획을 축소했지만 산림은 이미 황폐해 옛날처럼 장대
한 목재를 구할 수 없었다. 할 수 없이 기둥은 몇 개의 부재를 잇고 묶어
필요한 길이와 굵기로 겨우 만들었다. 목재의 부족이 합성재의 수법을
낳은 것이다. 이 합성 기둥은 중심 기둥 둘레에 나무통을 만드는 판재와
같은 모양으로 가공한 부재를 덧대고 띠쇠를 감아 묶는 방식으로 만들
었다. 이 기둥을 만들 당시의 상황을 자세히 이해하기 위해 임학자 에자
키 마사타다가 계산한 수치를 살펴보자. 총 60개의 기둥을 만드는 데 사
용된 중심 기둥 용재는 146개이고, 그 둘레에 덧댄 부재의 총수는 3,200
개나 된다. 이렇게 해서 큰 용재의 부족 문제는 해결할 수 있었으나, 수
종은 하나로 통일할 수 없어 각지에서 끌어모은 다양한 종류의 나무가
혼용되었다.

　　기둥은 이런 식으로 해결했지만 2개의 대들보만은 어떻게 해서든
단일 부재를 사용하지 않으면 안 된다. 그래서 적합한 나무를 찾는 데 큰
어려움을 겪었다. 규슈의 기리시마산(霧島山)에서 커다란 소나무를 찾아
내 도다이지로 운반해 왔다.

　　이 큰 나무 2개를 산에서 약 15리(60km) 떨어진 해안까지 옮기는데
동원된 사람이 10,000명, 소가 4,000마리였다고 하니 얼마나 큰일이었
는지 짐작할 수 있다. 해안으로 옮겨진 재목은 특별 제작한 천석선(千石
船)*에 실어 오사카만으로 옮기고, 여기서 요도가와, 기즈가와를 거슬러
기즈까지 올라갔고, 기즈에서 나라까지 육로로 운반했다. 이 나무가 산
에서 벌채되어 나라에 도착하는 데 약 1년이 걸렸다. 이러한 난관을 거

---

* 　쌀 1천 섬 정도를 실을 수 있는 큰 배

도다이지 남대문

치며 우여곡절 끝에 겐로쿠 연간의 세 번째 조영이 일단락되었다. 우리가 지금 우러러보고 있는 대불전이 바로 이것이다.

　가마쿠라시대에 재건된 이래 두 번이나 병화를 면하고 지금까지 전하고 있는 건물 중 하나가 바로 남대문이다. 이 건물은 도다이지의 정문으로 20개가 넘는 굵은 기둥이 사용되었고 천축양식(天竺樣式)**으로 불린다. 언젠가 임야청(林野廳) 관계자들이 견학 왔을 때, 만약 이 문이 소실된다면 재건이 가능할지에 대한 이야기가 나왔다. 결론은 임야청 장관

** 　가마쿠라시대 초에 재건된 도다이지에 사용된 중국 남방계통의 건축양식을 당시에는 천축양(天竺樣)이라 불렀고, 근대 이후 건축사학자들에 의해 대불전 재건에 사용된 양식이라는 의미의 대불양(大佛樣)으로 바꿔 부르게 되었다.

의 명령으로 전국의 국유림을 총동원하면 기둥 용재를 겨우 구할 수 있다는 것이었다. 가마쿠라시대에 재건된 이 문은 분명 웅장하고 멋지기는 하지만 이것은 하나의 문에 지나지 않는다. 그런 문에 사용된 용재이지만 지금도 그것을 구하기는 쉽지 않다. 이러한 사실을 보더라도 당시에 목재가 얼마가 고갈되어 버렸는지 알 수 있을 것이다.

가마쿠라 막부와 목재

가마쿠라 막부가 성립된 이래 정치의 중심은 간토지역으로 옮겨갔고, 거기에서 다시 목재 자원이 잘려 나가게 되었다. 가마쿠라의 도시를 만드는 데 사용된 목재는 주로 이즈(伊豆)에서 조달해 온 듯하다. 그곳에서 벌채한 나무는 배로 유이가하마(由比ヶ浜)까지 운송되었는데, 이로 인해 뒤에 이곳에 자이모쿠자(材木座)가 설치되었다. 현재 지명으로 남아있는 곳이 바로 그것이다.* 이즈 지방은 그 후로도 가마쿠라 이외 지역에 대해서도 목재 공급처가 되어 벌채가 계속됐다. 구노지(久能寺)의 건립 때도 마찬가지였다. 사정이 이러했으니 아마기산(天城山)이나 가노가와(狩

---

*   가나가와현(神奈川縣) 가마쿠라시의 사가미만(相模灣) 일대에 면한 해안으로, 나메리가와(滑川) 하구와 이나무라가사키(稲村ヶ崎) 곶 사이의 구간에 해당한다. 나메리가와 하구의 서쪽 일대를 유이가하마, 동쪽 부분을 자이모쿠자(材木座) 해변이라고 부른다. 자이모쿠자는 중세 목재 상인의 동업자조합으로 기야자(木屋座), 구레자(榑座)라고도 하며 재목의 영업독점권을 가지고 있었다. 일본에서 목재의 상품화는 헤이안시대 말부터 시작되었는데, 자이모쿠자는 주로 목재가 소비되는 도시나 혹은 집산지인 교토 호리카와(堀川), 기즈, 나라, 오사카 사카이, 가마쿠라 등지에 조직되어 있었다.

        호류지를 지탱한 나무

野川) 유역의 숲이 급격하게 황폐해져갔다는 것은 쉽게 상상할 수 있을 것이다. 일전에 태풍이 왔을 때 이즈 지방이 막대한 피해를 입은 기억이 아직도 생생한데 그 원인 중 하나가 바로 근세의 남벌이었다.

덴쇼(天正, 1573~1593) 연간에는 국가안강(國家安康)으로 유명한 호코지(方廣寺)**의 대불전이 건립되었는데, 당시에도 도다이지 재건 때와 마찬가지로 어려움을 겪었다. 호코지 조영에 사용된 목재의 일부는 기소에서 강을 통해 이세만(伊勢灣)까지 옮겨지고, 여기서 바다를 돌아 교토로 운송되었다. 그러나 용마루를 받치는 마루도리로 쓸 재목은 구하기가 쉽지 않아 결국 후지산(富士山)에서 겨우 찾아 후지가와(富士川)를 따라 바다로 운반해 냈다고 한다. 교토에서는 그때 가모가와(賀茂川)를 정비해 새로 운하를 만들었다는 것이 기록으로 남아있다.

에도성 건설에 사용된 목재의 일부는 덴류가와(天龍川) 유역과 후지가와 유역에서 가져왔다. 이에 더해 기이(紀伊), 히다(飛驒),*** 신노(信濃)****

** 교토시 히가시야마구(東山区)에 있는 천태종 사찰로, 1586년 도요토미 히데요시(豊臣秀吉)가 창건해 목조 대불을 안치했다. 1596년 대지진으로 붕괴되고 이어 1602년에는 화재로 소실된 것을 1612년 도쿠가와 이에야스(德川家安)의 권유로 히데요시의 아들 히데요리(秀賴)가 재건했다. 이는 당시 실권을 장악한 도쿠가와가 맞수였던 도요토미 세력을 견제하기 위해, 그들로 하여금 각종 신사와 사찰 조영 공사를 벌이게 하여 힘을 빼기 위한 책략 중 하나였다. 그런데 1614년 낙성 공양 때 종에 새긴 '국가안강 군신풍락(國家安康, 君臣豊樂)'이라는 글자를 도쿠가와가 곡해하는 사건이 벌어졌다. 즉 도쿠가와는 자신의 이름인 '家'자와 '康'자가 떨어져 있는 것이 자신에 대한 저주의 문구라며 트집을 잡았다. 도쿠가와는 이를 계기로 전쟁을 벌였고(大阪の陣), 결국 오사카성을 함락하고 도요토미 집안을 멸망시켰다.

*** 현재의 기후현(岐阜縣) 북부

**** 현재의 나가노현(長野縣) 일대

등지에서도 점차 깊은 산중의 삼림이 벌채되어 갔다.

에도성의 목재

이번에는 에도성을 사례로 하나의 건물을 짓는데 얼마나 많은 양의 목재가 사용되었는지 생각해 보자.

에도성의 시작은 고대의 헤이안시대 말 1100년대 전반까지 올라간다. 당시 에도시로 시게츠구(江戸四郎重継)*가 현재 고쿄히가시교엔(皇居東御苑)이라는 황실 정원으로 조성되어 있는 구 에도성 혼마루(本丸)** 터 일대에 자신의 저택을 지은 것에서 비롯되었다고 한다. 이 호족의 저택은 무로마치시대에 오타 도칸(太田道灌, 1432~1486)에 의해 중세 성곽인 에도성으로 변모했다. 에도성의 성주는 센고쿠시대(戦國時代, 1467~1590)에 들어와 오타(太田)에서 오기가야츠 우에스기(扇谷上杉), 오다하라 호조(小田原北條)로, 쇼쿠호시대(織豊時代, 1573~1603)***에는 도쿠가와로 각각 바뀌었다.

---

* 헤이안시대 후기의 무장으로, 지금의 사이타마현(埼玉縣), 도쿄도, 가나가와현
   일대의 옛 지명인 무사시노쿠니(武蔵國)에서 실력을 장악하고 있던 호족
   치치부 시게츠나(秩父重綱)의 넷째 아들로 태어났으며, 이후 지금의 도쿄
   일대인 에도노고(江戸鄕) 지역을 상속받아 에도관주(江戸貫主)가 되었고, 스스로
   에도시로(江戸四郎)라 칭하며 에도(江戸) 가문을 일으켰다.

** 일본의 성곽은 안쪽에서부터 이치노마루(一の丸), 니노마루(二の丸) 등과 같이
   여러 겹의 성곽으로 이루어져 있는데, 그중 가장 안쪽에 위치하여 중핵이 되는
   성곽을 혼마루(本丸) 혹은 이치노마루라고 부르며 이곳에 천수각(天守閣)과 성주의
   저택이 위치한다. 높고 화려하게 건축되는 천수각은 성의 상징적인 건축물로서
   유사시에는 망루와 군사 지휘소의 역할도 한다.

호류지를 지탱한 나무

도쿠가와 막부를 연 이에야스의 에도성 입성은 1590년이었다. 이 때부터 에도성을 막부 정권의 본거지로 만들기 위해, 히데타다(秀忠, 1579~1632), 이에미츠(家光, 1604~1651)까지 3대 40여 년에 걸쳐 성 안팎의 증개축과 정비가 이루어졌다. 공사는 1636년에 일단락되었고 일본 최대의 근세 성곽으로서 5층의 천수각(天守閣)을 중심으로 혼마루의 전각들이 갖추어졌다.

도쿠가와 막부가 붕괴된 이후의 에도성은 1868년에 도쿄성(東京城), 이듬해에는 황성(皇城), 1888년에는 궁성(宮城)으로 각각 개칭되었다.

에도성에 마지막까지 남아있던 건물은 니시노마루(西丸)****의 가어전(假御殿)이었다. 이 건물은 1863년에 소실됐다가 이듬해에 응급 복구로 재건되었다. 이 건물로 메이지 원년(1868)에 천황의 거처인 고쿄(皇居)가 교토에서 옮겨왔다. 1873년에는 이 건물도 소실되면서 에도성의 명맥도 붕괴된 막부 정권의 뒤를 따르게 되었다.

도쿠가와 쇼군 이래 에도성의 규모는 성안만 30만 평(99만㎡) 남짓으로 오사카성의 외곽까지도 완전히 뒤덮을 정도로 거대했다.

성안의 주요 건물의 규모는 연면적으로 천수각 470평(1,551㎡), 혼마루 어전 11,370평(37,521㎡), 니시노마루 어전 6,570평(21,681㎡)이었다.

*** 근세 초엽에 오다 노부나가(織田信長, 1534~1582)와 도요토미 히데요시가 차례로 중앙정권을 장악하고 있던 시기를 가리키는 말로, 오다 노부나가의 아즈치성(安土城)과 도요토미 히데요시의 후시미성(伏見城)이 위치한 모모야마(桃山) 언덕의 명칭에서 각각 글자를 따서 아즈치 모모야마시대(安土桃山時代)로도 부른다.
**** 에도성의 혼마루 서쪽에 위치하는 성곽으로, 이곳은 센고쿠시대까지 성 밖이었으나 도쿠가와 이에야스가 입성한 후 1592년 기존의 성을 확장해 성 안으로 편입시켰다.

혼마루 어전 일곽은 막부 정부의 업무공간인 '오모테무키(表向)', 쇼군의 관저인 '나카오쿠무키(中奧向)', 쇼군의 사저인 '오오쿠(大奧)'로 이루어져 있었다. 니시노마루 어전은 직에서 물러난 쇼군인 오고쇼(大御所)*나 혹은 현 쇼군의 뒤를 이을 후계자가 거처하는 곳으로, 내부 구조는 혼마루 어전과 거의 같았다.

막부 군사정권의 근거지인 동시에 쇼군의 거처였던 에도성은 그 기능에 부합하는 위용과 견고한 보루를 자랑했지만, 그 주위에는 다이묘 저택**이나 급속도로 발전한 시가지가 밀집해 있었기 때문에, 성안이 아니라 성밖에 발생한 화재 때문에 성까지 연소되는 경우가 종종 있었다.

먼저 일본 제일의 천수각은 1657년 후리소데(振袖) 화재*** 때 연소된 이후 끝내 재건되지 못했다. 광대한 혼마루 어전은 게이초(1596~1615) 연간에 완성된 이후 5번 소실되었고 개조나 재건이 총 6차례나 있었으나 1863년에 소실된 이후로는 재건되지 못했다. 니시노마루 어전은 태평양전쟁 때 미군의 공습으로 명운을 다할 때까지 6번 소실되었고 개축과 재건이 8차례나 있었다.

창건 때의 도다이지 대불전과 비교하면 에도성 혼마루 어전은 대불전의 8.3배, 니시노마루 어전도 4.8배에 달하는 크기였다.

이렇게 거대한 건물이 에도시대에만 한정해서 볼 때 후리소데 화재 후 재건에 2년 7개월이 걸린 혼마루 어전을 제외하면, 대체로 1년 안팎의 기간 안에 재건되었다. 이것만 보면 재건은 막부의 권력으로 간단히

---

* 쇼군이 직위에서 물러나 머무는 곳이나 혹은 그 사람에 대한 존칭
** 에도시대에 다이묘들은 영지의 통치권을 인정받았지만, 쇼군은 그들을 통제하기 위해 일정 기간 에도에 와서 살도록 했고, 영지 내에서도 막부가 제정한 법률을 지키도록 했다.

호류지를 지탱한 나무

할 수 있었던 것처럼 보이지만 실상은 그렇지 않았다.

도쿠가와 막부 시대에 소실 면적이 15초(町)(14.9ha, 대략 도쿄 히비야공원 넓이) 이상 되었던 '에도 대화재'는 80회 이상이었다. 이런 화재를 '에도의 꽃'이라고 불렀던 것은 에도 토박이들의 허세였으며, 실제로는 대화재 때마다 목재값은 급등했고 신분과 직업을 막론하고 모든 사람이 물심양면으로 겪은 고통이 여간하지 않았다.

대화재가 나면 에도성도 날아드는 불티 때문에 내내 조마조마했다. 1657년 후리소데 화재로 에도성의 천수각과 혼마루 어전이 소실됐을 때의 일이다. 당시 건물 재건에 즈음하여 막부는 재정난과 목재 부족, 그리고 이에 더해 고조되는 사회 불안 때문에 어려움을 겪었다. 그래서 호시나 마사유키(保科正行, 1611~1673)의 제안에 따라 천수각 재건은 단념하고

*** 메이레키(明曆) 3년(1657) 1월에 발생해 에도의 절반 이상을 태웠던 대화재로 메이레키노 다이카(明曆の大火) 또는 화재 발원지의 지명을 따서 마루야마카지(丸山火事)라고도 한다. 여기에 메이와(明和) 9년(1772)의 메이와노 다이카(明和の大火), 분카(文化) 3년(1806)의 분카노 다이카(文化の大火)를 에도 3대 대화재라고 하는데, 그중에서 후리소데 화재의 피해 규모가 가장 컸다. 후리소데 화재라는 말은 이 화재의 원인과 관련된 전설에 연유하는데 내용은 대략 다음과 같다. 우메노(梅乃)라는 소녀가 혼묘지(本妙寺)에 다녀오다가 길에서 본 사내에게 한눈에 반해 상사병이 나서 식음을 전폐하자 이를 안타깝게 여긴 부모가 그 사내가 입었던 옷과 같은 모양의 후리소데(振袖: 소매가 아래로 길게 늘어지는 일본의 전통 의복)를 지어주니 소녀는 그 옷을 안고 결국 병석에서 죽고 말았다. 소녀의 장례식 때 부모가 그 옷을 관에 덮어 주었으나 당시 풍습에 따라 혼묘지의 행자들이 그것을 걷어서 내다 팔았다. 그러나 팔려나간 옷이 여러 사람을 거쳐 다시 절로 되돌아오기를 수차례, 결국 그 후리소데의 사연이 알려지자 혼묘지에서는 소녀를 위해 그 옷을 태워 공양하기로 하고 불에 옷을 던져 넣자 갑자기 광풍이 불어 불붙은 옷이 위로 치솟아 불당에 불이 옮겨 붙었고, 절 밖으로 불이 번져 결국 에도의 도시 대부분을 태워버렸다는 것이다.

혼마루 어전의 재건은 잠시 미뤘다. 다이묘 저택의 재건은 민심의 동요를 막기 위해 화려한 모모야마(桃山) 양식*은 지양했다.

그러면 에도성 조영에 사용된 목재에 대해 살펴보자. 에도성의 혼마루 어전과 니시노마루 어전의 증개축과 재건 때마다 어디에서 어떤 재목을 어떻게 운반해 왔는지 그 전모를 파악하기는 어렵다.

도쿠가와임정사(德川林政史) 연구소장 도코로 미츠오(所三男, 1900~1989)는 〈에도성 니시노마루의 재건 용재(江戶城西丸の再建の用材)〉(1973)라는 연구논문에서, 1838년에 소실된 니시노마루 어전의 재건에 사용된 용재에 대한 고증을 시도했는데 그 내용은 다음과 같다.

가장 많은 용재를 헌상한 곳은 오와리번(尾張藩)**이었는데, 샤쿠지메(尺〆)***로 총 5만 본(本)의 히노키를 헌상했다. 기슈번(紀州藩)****에서는 대재(大材) 350개를 보냈다고 하는데 총량은 알 수 없다. 미토번(水戶藩)*****에서는 소나무 판재 1만 장을 보냈는데, 그중에는 길이 30척 말구****** 직경 1척 5촌 되는 것이 250개, 길이 60척 원구 직경 3~4척 되

---

* 오다 노부나가와 그를 이은 도요토미 히데요시에 의해 센고쿠시대의 혼란이 종식되고 통일이 이루어진 아즈치 모모야마시대에 두각을 나타낸 신흥 다이묘와 도시의 거상들이 주도했던 웅장하고 화려한 건축양식

** 에도시대에 막부의 쇼군으로부터 하사받아 다이묘가 통치하는 영지를 번(藩)이라고 한다. 오와리번(尾張藩)은 현재의 아이치현(愛知縣) 서반부와 그에 인접하는 주변을 포함하는 지역으로 양질의 히노키 산지로 유명한 기소 지역이 포함된다. 도쿠가와 이에야스의 남자 후손을 시조로 하는 다이묘가 통치하는 친번(親藩)이었다.

*** 샤쿠지메(尺〆)는 일본의 전통적인 목재의 부피 단위이다. 각재 기준으로 가로 세로 각각 1척, 길이 12척되는 양을 샤쿠지메 1본(本)이라고 한다.

**** 현재의 와카야마현과 미에현 남부를 포함하는 지역이며 친번이었다.

***** 현재의 이바라키현 중북부에 해당하는 지역이며 친번이었다.

호류지를 지탱한 나무

는 것도 3개나 포함되어 있다고 했으니 주로 큰 재목을 보냈을 것이다.

난부번(南部藩)*******에서는 가로 세로 각각 1~1.5척 길이 21~36척 되는 히노키 제재목 1만 개를 헌상했다. 그 내역을 보면 네 면에 옹이가 없는 것이 1,000개, 세 면에 옹이가 없는 것이 3,300개, 옹이가 있는 면이 두 면 이상인 것이 700개였다. 이것 외에 도쿠가와 막부의 직할지였던 히단산(飛騨山)********에서도 추정컨대 5만 본 이상의 나무를 가져왔다. 그밖에 막부가 보유하고 있던 목재나 에도의 시장에서 구입한 목재도 적지 않았다고 한다.

《갑진잡기(甲辰雜記)》의 기록 등에 의하면, 니시노마루 어전을 재건할 당시의 건축면적은 총 6,574평 정도였고, 사용된 목재는 각재가 샤쿠지메로 8만2,690여 본, 판재류가 45만7,590장이었다고 한다. 판재는 10장을 각재 샤쿠지메 1본으로 환산하면 4만5,759본이 되므로, 각재로 환산한 목재의 총량은 샤쿠지메로 12만8,490여 본이 된다. 이것은 제재목 기준인데, 원목으로 환산하면 대략 25만 샤쿠지메로 추정된다.

그중에는 당시의 오고쇼 도쿠가와 이에나리(德川家齋, 1773~1841)를 위한 공간인 오자노마(御座の間)에 사용된 가로 세로 각 6.8~7.6촌, 길이 16~18척의 히노키 기둥 46개가 있었고, 수심과 옹이가 없이 사방 곧은 결로 제재한 최상의 재목도 많이 포함되어 있었다고 한다. 이렇게 보면 양적으로나 질적으로나 이 건물에 사용된 목재는 막대했다는 것을 알

****** 나무의 줄기 끝 쪽을 말구(末口), 뿌리가 있는 밑동 쪽을 원구(元口)라고 한다.
******* 현재의 이와테현(岩手縣) 중부에서 아오모리현(青森縣) 동부에 이르는 지역이며, 모리오카번(盛岡藩)이라고도 한다.
******** 혼슈 중앙부에 자리한 산악지대의 북부에 해당하는 큰 산맥으로 니가타(新潟), 토야마(富山), 나가노, 기후의 4개 현에 걸쳐 있다.

수 있다.

혼마루 어전은 넓이가 니시노마루 어전의 두 배 가까이 되고, 증개축과 재건이 6번이나 있었다고 하며, 니시노마루 어전 역시 8번에 이른다고 한다. 따라서 에도성만 놓고 보더라도 거기에 사용된 목재의 총량은 상상을 초월하는 것이었다는 것을 알 수 있다.

호류지를 지탱한 나무

제 7 장

히
노
키
단
상

일본의 히노키

일본열도는 전세계 육지의 1/280 정도 되는 작은 면적을 가지고 있으며, 남북으로 길어 한대부터 온대, 난대, 아열대에 이르기까지 광범한 기후 구역을 포함하고 있다. 이러한 예는 세계적으로 드물다. 따라서 자생하는 나무도 종류가 다양하다. 일본에 자생하는 나무의 종류는 대략 300종 가까이 되는데, 적도에 가까운 남방은 그것의 10배나 된다고 한다. 일반적으로 식물은 북방으로 갈수록 종류는 적고 한 종에 속하는 개체의 양이 많다. 이에 반해 남방으로 가면 종류는 많아지지만 한 종에 속하는 개체의 양은 적어지는 경향이 있다. 이것은 동물도 마찬가지다.

일본에서 자생하는 나무 가운데 일반적으로 사용되는 것은 50~60 종류인데 그중에서도 특히 많이 사용되는 나무는 10가지 정도이다. 가장 대표적인 것이 히노키와 스기라는 것은 이미 잘 알려져 있다. 여기서는 현재 일본의 히노키 상황에 대해 설명하고자 한다.

히노키가 자생하고 있는 지역은 매우 넓어서, 북쪽으로는 후쿠시마

기소 천연 히노키의 모습. 사진: 야기 시타히로시(八木下弘)

현(福島縣)부터 남쪽으로는 가고시마현(鹿兒島縣) 야쿠시마(屋久島)까지 걸쳐 있다. 수직적인 분포를 보면 표고 200~1,700m 범위이며, 그중에서도 1,000m 전후의 온난대 지역에 가장 양질의 히노키 숲이 형성되어 있다. 지역별로 보면 중부, 긴키, 시코쿠 지방 등이 거론되며, 그 가운데 나가노현의 기소지역이 특히 유명하다. 히노키는 유용한 목재였기 때문에 인공 식재를 통해 키우려는 시도는 옛날부터 있었던 듯하며, 이미 11세기에 고야산에서 히노키 묘목을 키웠다는 기록이 있다고 한다. 그러나 실제로 히노키의 인공조림이 널리 행해지게 된 것은 에도시대에 들어와서의 일로 고치현(高知縣)이나 기소 등지에서 그 예를 볼 수 있다. 이밖에 히노키 자생 북방 한계 이북의 히로사키번(弘前藩)*, 난부번, 센다이번(仙

호류지를 지탱한 나무

臺藩)**, 쇼나이번(庄內藩)*** 등도 인공조림으로 나무를 키워내기 위해 애를 쓴 지역이다. 히노키는 성장 속도가 느리기 때문에 현재 원시 천연림은 대부분 벌채되어 거의 남아있지 않다. 지금 남아있는 히노키의 대부분은 옛날 선조들이 나무를 베고 난 뒤 그 자리에 어린나무를 심어서 키워 온 것이다. 따라서 그것은 피나는 노력의 결정체라고 해도 과언이 아닐 것이다.

히노키의 생육 환경을 보면, 보통 삼나무는 산골짜기의 물가에서, 소나무는 산등성이에서 잘 자라는데 히노키는 그 중간지대가 생육에 가장 적합하다고 한다. 이러한 지리적 요건과 관련이 있는지 모르겠지만, 산에서 생육 중인 입목(立木) 상태의 히노키는 수분이 적은 편이다. 함수율로 보면 히노키는 삼나무의 절반 정도이다. 그리고 강도는 소나무, 히노키, 삼나무 순인데, 이것 역시 생육 환경과 관계가 있는 듯하다.

히노키의 특징으로 한 가지 추가할 것은 줄기에서 심재의 비율이 크다는 것이다. 수령 60년이 넘은 히노키는 심재의 비율이 80%나 된다. 변재 부분은 썩기 쉽지만 심재 부분은 특유의 향기를 내는 성분이 함유되어 있어 잘 썩지 않는다. 옛날부터 히노키가 건축재료로 사용되고 오랜 세월을 견뎌올 수 있었던 배경에는 벌채한 원목 둘레의 얼마 되지 않는 변재 부분만 잘라내면 커다란 심재 부분을 얻을 수 있다는 장점도 있었다.

히노키의 재질이 뛰어나다는 것은 지금까지 설명해 왔지만, 그러한

---

* 지금의 아오모리현 히로사키시(弘前市) 일대
** 지금의 미야기현(宮城縣) 센다이시(仙臺市) 일대
*** 지금의 야마가타현(山形縣) 스루오카시(鶴岡市) 일대

장점을 가진 좋은 목재였기 때문에 많이 사용되었고 점차 고갈되어 갔다. 그토록 울창했던 기소의 산에도 1625년에 벌채 금지령이 내려졌다. 세상에 회자되고 있는 '나무 한 그루에 목숨 하나'라는 벌은 그 엄중함을 보여주는 것이었다. 이 제도는 소위 기소오목(木曾五木)으로 불리는 히노키, 사와라(サワラ), 고야마키, 아스히(アスヒ), 네즈코(ネズコ)에 대한 금령인데, 이것은 사람들이 생김새가 비슷한 나무를 혼동해 실수로 히노키를 베는 것을 막기 위해, 이 다섯 종류의 나무 전체에 대해 벌채를 금지한 것이라고 알려져 있다. 히노키 벌채 금지가 시행된 지역은 비슈번(尾州藩)* 이외에도 18개 번(藩)에 이르렀다. 당시 히노키가 얼마나 중시되었는지 알 수 있는 대목이다.

현재 전국의 산에 남아있는 히노키의 총량은 부피로 약 1억5천만m³이다. 이것은 침엽수 전체의 약 15%에 해당하는 양인데, 그 안에서 중경목(中徑木)**이 대부분을 차지하며, 대경목(大徑木)은 10%도 안 된다. 그리고 지금의 벌채량을 그대로 간다면 히노키는 수십 년 안에 사라질 운명에 처해 있다. 이를 막을 수 있는 유일한 방법은 전국적으로 행해지고 있는 인공조림인데 이것도 양적인 보충만 될 뿐이며 오래된 대경목은 여전히 기대하기 어렵다. 히노키는 질과 양 모두 절대적으로 부족한 상황으로 치닫고 있다. 대표적인 산지별로 히노키의 특징을 간략하게 설명하면 다음과 같다.

기소 히노키는 옛날부터 전국적으로 유명했다. 일찍이 도쿠가와 막

---

* 지금의 아이치현 동·서부, 기후현 남동부, 기소를 포함하는 나가노현 남서부 일대로, 오와리번(尾張藩)이라고도 한다.
** 나무 줄기의 가슴 높이 지름이 50cm 이상인 것을 대경목, 20~50cm 사이를 중경목, 20cm 이하를 소경목이라고 한다.

호류지를 지탱한 나무

부의 직할림으로 보호를 받았고, 메이지 이후로는 황실 소유의 산림으로서 제실임야국(帝室林野局)이 관리했으며, 제2차 세계대전 이후로는 국유림에 편입되어 현재는 나가노영림국(長野營林局)에서 관리하고 있다. 총면적 4만ha, 총량 500만㎥로 일본 최대의 천연 히노키 숲이다.

이곳 히노키의 대부분은 수령이 150~250년이다. 다만 이세신궁 용재 등으로 사용하기 위해 현대에 들어와 보호구역으로 설정한 구역에는 수령 200~500년 된 나무도 있다. 가장 오래된 히노키는 수령이 700년이고 가슴 높이 지름은 120cm 정도인데, 수령이 오래되면 성장은 한층 느려진다.

기소 히노키의 장점은 다음과 같다.

(1) 빛깔이 담백하고 물걸레질을 계속해주면 흰색이 유지된다.

(2) 재질이 치밀하고 나뭇결이 곧고 변형이 적다.

(3) 균질하여 서로 다른 나무에서 켜낸 판재도 하나의 나무에서 켜낸 것처럼 재질이 균일하다.

(4) 가공이 용이하고 유연하며 이상재가 적고 휘어서 둥근 물건을 만드는데도 적합하다.

단점은 다음과 같다.

(1) 유분이 적어 광택이 없다.

(2) 재질이 물러서 마루널이나 디딜판에는 적합하지 않다.

현재 일본에서 유통되고 있는 국산 천연 히노키는 기소 히노키밖에 없다.

고치현 나가오카군(長岡郡) 모토야마초(本山町) 나나토(七戸)의 오쿠시

라가야마(奧白髮山)에는 일본 제일의 천연 히노키 숲이 있다. 이 숲은 모토야마영림서(本山營林暑) 소관의 보호림으로 임야청의 허락 없이는 한 그루도 벨 수 없다. 숲의 총면적은 290ha, 히노키의 총량은 2만8,000m³이다. 수령 약 800년, 가슴 높이 지름 약 60cm, 제일 아래쪽 가지까지 높이가 6~8m 되는 히노키가 산 전체에 융단을 깔아 놓은 것처럼 뒤덮인 이끼 위에 서 있다. 곳곳에 섬잣나무(ヒメコマツ)와 비파나무처럼 큰 철쭉이 섞여 있는 것 외에는 아무것도 자라고 있지 않다. 장엄할 정도로 아름다운 숲이다.

오쿠시라가야마는 서북사면과 남사면으로 이루어져 있는데, 이 보호림은 서북사면에 해당한다. 반대쪽 남사면에도 270ha 넓이의 산림이 있고 비슷한 수령의 히노키가 자리고 있는데, 이곳은 태평양으로부터 불어오는 강풍을 받기 때문에 나무의 높이가 절반 정도밖에 되지 않는다. 또 아래쪽에만 가지가 몇 개 남고, 위쪽은 백골화(白骨化)되어 있다.

이곳에서는 바람에 쓰러진 나무가 있는 경우에만 그 나무의 유통이 허용된다. 그 히노키는 전부 얇고 긴 띠 모양으로 다듬어 염색한 다음 엮어서 여름에 바닷가에서 쓰는 비치 모자를 만들어 전량 미국에 수출한다. 그래서 이 산의 이름이 국내에 잘 알려져 있지는 않지만 세계 최고 재질의 히노키 산지라 할 수 있을 것이다. 또 이 산에는 우량목 종자를 보존하고 확산하기 위해 20ha 면적의 모수림(母樹林)이 조성되어 있다.

고야산 곤고부지(金剛峰寺)는 1,936ha 면적의 산림을 보유하고 있으며 활발한 산림 경영을 하고 있다. 이곳의 천연 히노키 숲은 면적이 131ha이고, 나무의 양은 3만7,186m³이다. 수령은 평균 300년이고 가장 오래된 것이 800년이며, 가슴 높이 지름은 평균 1m, 최대 2.5m로 크기로 보면 일본 제일이다. 사찰에서는 히노키의 벌채를 금지하고 오로지 보호에만 힘쓰고 있다. 수십 년에 한 번 노후목만 골라 베어내고 그 자리에 어린나무를 심는다. 그해에는 300~500m³의 히노키가 시장에 나온다.

고야산의 히노키는 유분이 많고 강도도 높다. 기소 히노키처럼 담백하지는 않기 때문에 주택의 마감재로는 적합하지 않지만, 극장의 무대와 같은 용도로는 최고로 꼽힐 정도로 우수한 재질을 가지고 있다.

히노키 조림지로 알려져 있는 곳은 구마모토현(熊本縣), 고치현, 에히메현(愛媛縣), 나라현, 미에현(三重縣), 기후현(岐阜縣), 아이치현(愛知縣) 등인데, 그중에서도 나라현의 요시노 히노키와 미에현의 오와세(尾鷲) 히노키가 유명하다. 트럭을 이용한 수송이 보급되기 이전의 목재 반출은 대부분 하천을 이용해 이루어졌다. 삼나무는 물에 잘 뜨기 때문에 수송이 쉬운 반면 히노키는 무거워서 까다롭다. 그래서 강에 면한 조림지에서는 대체로 삼나무를 심었다. 그런데 토질 관계상 히노키를 심는 것이 유리한 조림지가 15% 정도는 있기 때문에 대체로 삼나무와 히노키를 섞어 심었다.

요시노가와(吉野川) 유역의 히노키뿐만 아니라 고쿠타키가와(黑瀧川), 우다가와(宇陀川) 유역에서 나는 것도 포함해서 요시노 히노키라고 부른다. 이 일대의 히노키 조림지 면적의 합계는 5만 6,000ha이고, 총량은 611만 8,000m³(1977년 기준)로 전국에서 최대 규모이다. 이 지역에서는 일찍부터 가지치기를 해 나무가 굵어지면서 옹이가 파묻히도록 정성스럽게 관리하며 40~50년 정도 되면 벌채한다. 이때 가로 세로 각 10.5cm, 길이 3m의 각재로 제재했을 때 네 면에 옹이가 없도록 키우는 것을 목표로 한다. 철저하게 고급 기둥 용재를 생산하기 위한 조림 경영이다.

요시노 히노키의 장점은 다음과 같다.

⑴ 심재부는 붉은빛을 띠며 미려하고, 변재부는 오래도록 흰색을 유지한다. 심재부와 변재부 모두 반들반들하게 광택이 난다.

⑵ 좋지 않은 나무는 간벌 때 베어내기 때문에 양질의 재목이 보장된다.

오와세시(尾鷲市), 나가시마초(長島町), 미야마초(海山町) 일대에서 나는 히노키를 오와세 히노키라고 한다. 이 지역은 산세가 험하고 토질이 나쁘기 때문에 삼나무보다는 히노키 조림에 더 적합하다. 조림 면적은 1만 9,260ha이고 94%가 히노키 조림지이며, 히노키 총량은 194만 4,500m³(1977년 기준)이다. 조림 밀도는 1ha당 8,000그루 정도로 밀식하고 있다. 산세가 험하기 때문에 옛날에는 강에 띄워 운송했으나 최근에는 와이어로프를 설치하거나 자동차를 이용한다. 이곳에서는 나무를 벌채한 상태 그대로 작업장으로 옮겨 제재하는 독특한 방식을 취하고 있다.

오와세 히노키는 험지에서 밀식해 키우기 때문에 나이테가 치밀하고, 재질이 강하면서 광택이 좋은 것이 특장점이다. 그리고 줄기를 잘라내지 않고 벌채한 그대로 반출하기 때문에 긴 기둥재를 얻을 수 있어서 시장에서 독특한 평가를 얻고 있다.

타이완의 히노키

타이완의 히노키 숲은 중앙산맥(中央山脈)의 북회귀선 북측에만 분포해 있다. 남방 한계는 아리산(阿里山), 북방 한계는 타이핑산(太平山) 부근이며 거리로는 약 150km의 범위이다. 남부는 표고 2,000~2,700m, 북부는 1,800~2,500m 높이에서 자생하고 있다. 수령은 1000년에서 3000년 사

호류지를 지탱한 나무

타이완의 히노키 주요 생육지.
항구의 괄호 안은 수출입 표시

지룽
(출, 입)

타이베이

신주

뤄둥
쑤아오(입)

타이핑산

타이중항(출, 입)

펑위안

다쉐산

타이중

르웨탄

베이단다산

수이리

화롄(출)

자이

난단다산

아리산

북회귀선

위산
(구 신가오산)

타이난

가오슝
(출, 입)

핑둥

타이둥

이이다. 이것이 20세기 초부터 아리산 히노키, 타이핑산 히노키라는 이름으로 일본에 알려져 왔던 명목(名木)이다. 이곳의 숲은 일본 알프스*보다 높은 산악지대에 있기 때문에 임도가 없고, 제2차 세계대전 전에 일본의 육군 공병대가 부설한 자이(嘉義)-아리산 간, 뤄둥(羅東)-타이핑산 간 삼림철도 주변 이외 지역에서는 나무를 베는 것이 불가능했다.

약 20년 전에 민간 기업에 의해 르웨탄(日月潭)에서 베이단다산(北丹大山) 쪽으로 117km 구간의 도로가 개발되자 그때까지 한 번도 벌채가 허락되지 않았던 63,000ha의 원시림이 비로소 벌채되기 시작했다. 이 구역에서는 당초 연간 10만m^3 나무가 나왔으나 점차 양이 줄어 현재는 30,000m^3로 제한되어 있다. 이 정도의 벌채량이면 앞으로 150년 동안은 벌채가 가능하

---

* 일본 혼슈(本州) 중부 산악 지대의 골격을 이루는 산맥의 총칭으로 북알프스인 히다산맥(飛騨山脈), 중앙알프스인 기소산맥(木曾山脈), 남알프스인 아카시산맥(赤石山脈)을 아우른다. 최고봉은 남알프스의 시라네산(白根山)으로 3,192m이다.

다고 한다. 1971년 말부터 이듬해 말까지 마침 이 구역에서 가장 양질의 나무가 나는 제8 임반(林班)이 벌채 계획에 포함되었다. 그 덕분에 다행히 야쿠시지 금당 재건과 다카야스대교회(高安大敎會), 메이지신궁의 도리이 건축 등에 사용할 큰 재목을 구할 수 있게 되었다.

이 산지의 남측에 난단다산임구(南丹大山林區)가 있다. 멀리서 봐도 거대한 히노키가 자라고 있는 것을 알 수 있다. 그러나 이 산에는 아직 도로가 없기 때문에 약 5만ha의 원시림이 원시 그대로의 모습으로 잠들어 있다.

현재 타이완 중부의 화롄(花蓮)과 타이중(臺中)을 동서로 연결하는 도로가 완성되었고, 이를 계기로 목재 반출로가 여러 곳 개발되고 있다. 그러나 몇 년 전부터 집중호우 때마다 하천이 범람하고 그 원인으로 과도한 벌채가 지목되자 정부는 국유림의 벌채 규모를 엄격하게 제한하게 되었다. 타이완의 목재 벌채량은 1970년도에는 380만㎥였으나, 1977년도에는 130만㎥로 감소했다. 그것은 최근 타이완이 경제적으로 큰 발전을 이뤄 여유가 생기면서 소중한 천연자원을 보존하려는 움직임이 일고 있기 때문이다. 그래서 1977년을 기점으로 타이완은 이전의 목재 수출국에서 수입국으로 변신하게 되었다. 따라서 일본으로의 목재 수출량도 줄어들 것으로 생각된다. 당연한 것이지만 오래된 사찰이나 신사를 수리, 복원하는데 필요한 히노키는 목재의 질과 양은 물론, 가격 면에서도 점차 어려움에 직면할 것이다.

타이완의 히노키는 일본의 히노키에 비해 재질의 기계적 성질은 나쁘지 않지만, 외관상으로는 나이테가 촘촘하면서도 추재 부분이 뚜렷하지 않기 때문에 나뭇결이 흐리게 보이며, 색조도 누런빛이 많이 돌아 보기에는 그다지 좋지는 않다. 현재 타이완 히노키의 특장점으로는 큰 재

호류지를 지탱한 나무

목을 대량으로 구할 수 있다는 것과 가격이 일본의 히노키보다 저렴하다는 것의 두 가지 정도를 들 수 있다. 앞서 설명한 것처럼 현재 일본에서 유통되고 있는 천연 히노키는 기소 히노키가 유일하지만 큰 재목은 별로 없다. 또 국유림에는 여러 가지 제약이 있어서 15톤이 넘는 큰 재목은 반출할 수가 없다. 그런데 타이완에서는 민간기업을 통해 거래하기 때문에 그런 제약이 없다. 그리고 여태껏 히노키의 가격은 주로 목재 표면의 미관으로 결정되어 왔기 때문에 타이완 히노키는 우수한 재질에 비하면 값이 저렴한 편이었다. 그래서 1965년 후반 이후로 신사나 불전을 신축하거나 수리할 때 타이완 히노키가 대량으로 사용되었다. 중요한 건물 몇을 들어보면 나라의 호린지 삼중탑, 천리교 다카야스대교회 신전, 야쿠시지 금당과 서탑, 도다이지 대불전, 교토의 헤이안신궁(平安神宮), 홋카이도 삿포로시(札幌市)의 홋카이도신궁(北海道神宮) 등이 있다. 이 가운데 한두 가지를 소개하면 다음과 같다.

야쿠시지 금당의 용재

야쿠시지 금당의 재건은 1968년에 발원되었다. 당초에는 20세기의 마지막을 장식할 최대 규모의 가람을 건립하는 것이기 때문에 당연히 일본의 히노키를 사용할 계획이었으나, 조사 결과 자재 조달에만 적어도 5년이 필요하고 또 큰 재목은 국유림에서는 벌채할 수 없다는 것이 확인되었다. 그래서 타이완 히노키를 사용하는 것으로 계획이 변경된 것이다.

자재 조달은 마침 앞서 설명한 베이단다산 제8 임반이 벌채구역으

야쿠시지 금당 용재의 반출

로 편입되었기 때문에 순조롭게 진행되었다. 금당 1층의 기둥 용재 22개는 수심과 변재부가 포함되지 않고 옹이가 없어야 한다는 매우 까다로운 조건이 있었다. 이 조건에 맞추려면 길이 6.5m에 말구 지름 1.75m의 대형 재목을 필요한 수량만큼 구해야만 했는데, 다행히 이 산에서 전부 마련할 수 있었다.

　이 나무를 찾아다닐 때의 일을 아래에 소개해 둔다. 1971년 2월의 일이다. 당시 제8 임반 지구는 벌채를 막 시작할 무렵이었기 때문에 직접 산에 올라가서 적합한 나무가 있는지 여부를 확인해야만 했다. 그래서 해발 2,634m에 마련된 벌채사무소로 올라갔다. 당시 그곳의 기온은 영하 4도였고 항상 짙은 안개에 싸여 있었다. 잠시 안개가 걷히는 틈을 이용해 원시림 속에서 용재로 쓸 만한 거목이 있는지 조사했다. 조사 결

　　　　　　　　호류지를 지탱한 나무

메이지신궁 도리이 용재.
수령 2450년, 원구 지름 3.5m, 말구 지름 1.65m, 길이 22m. 베이단다산

과 수령 1500년 히노키 숲 안에서 3000년의 풍설을 견디며 껍질이 이미 은회색으로 변한 히노키 거목 수십 그루가 우뚝 솟아있는 것을 확인했다. 이 거목의 모습은 장엄 그 자체였다. 마침 그때 산속에서 메이지신궁 도리이의 재목으로 쓸 나무를 베어 놓은 것을 봤는데 길이가 22m, 말구 지름이 1.65m, 원구 지름이 3.5m나 되는 거목이었다.

헤이안신궁의 용재

소실된 헤이안신궁의 재건*에 사용될 목재 중에서 단청을 하지 않는 본전과 내배전(內拜殿)의 용재는 나무색이 같아야 한다는 조건이 있었다. 본래 타이완 히노키는 담홍색의 줄무늬가 있는 것이 보통이다. 흰색 용재는 르웨탄 안쪽의 베이단다산임구와 화롄항 안쪽의 무과임구(木瓜林區)에 자생하는 수령 2000년 이상 된 좋은 나무 중에서 골라야만 겨우 구할 수 있을 정도였기 때문에 적합한 나무를 확보하기가 아주 어렵다. 게다가 타이완도 히노키의 벌채량이 엄격하게 제한되어 있기 때문에 앞으로 이러한 요구 조건을 충족시키는 것은 더욱 어려워질 것이다.

미국의 히노키

미국 히노키의 정식 명칭은 '포트 오포드 시더(Port Orford cedar)'로 생물 분류로 보면 히노키속(屬)의 별종이다. 또 로손(Lawson) 히노키라고도 한다. 서북 해안의 워싱턴주를 중심으로 산출되며, 일본의 수입량은 연간 10만m³ 정도로 여타 미국산 물자에 비해 매우 적은 양이다. 일본산 히노키와 아주 비슷하지만 재질이 조금 무르고 외관은 붉은 기가 없이 황백색을 띤다. 냄새는 향기가 없고 약간 시궁창 냄새가 난다. 본래 미국에서는 이 냄새를 싫어해서 건축에는 거의 사용하지 않았기 때문에 비교적 저

---

* 헤이안신궁은 1895년 교토 즉 헤이안(平安) 천도 1100주년을 기념해 헤이안쿄(平安京) 천도 당시의 궁궐을 축소 복원한 형태로 만들고 헤이안 천도를 단행한 간무(桓武)천황을 배향한 신궁으로, 1940년에는 헤이안쿄에서 마지막까지 남아있던 고메이천황(孝明, 1846~1867 재위)을 추가로 배향했다. 1976년에 화재로 본전과 내배전을 비롯한 9동의 건물이 소실되었다가 1979년에 재건되었다. 이 책이 처음 출판된 1978년 당시에는 재건 공사가 진행중이었다.

호류지를 지탱한 나무

렴하게 구할 수 있었다. 그런데 일본에서 히노키와 비슷하다는 이유로 '베이히(ベイヒ, 米檜)'라는 이름을 붙여 대량으로 수입하자 미국에서도 재평가되어 가격이 크게 올랐다는 내력이 있다. 지금 수입량은 당초보다 조금 줄었지만 비교적 고가에 거래되고 있다.

*
**

지금까지 나는 일본 문화의 또 한 가지 측면을 나무를 통해 살펴보았다. 그것과 관련해 일본인은 나무를 좋아하는 민족이라고 새삼 생각한다. 그리고 이렇게 나무를 사랑하는 우리 정서의 바탕은 식물도 동물도 인간도 원래는 같은 뿌리에서 나온 자연의 일시적인 모습에 지나지 않으며, 모든 생명은 영원의 시간 속에서 서로 연결되어 있다는 불교의 윤회 사상과 관계가 있지 않을까 하고 나는 생각한다.

이 사상은 인간은 자연의 일부이고 건물 또한 자연의 일부이며 도시 역시 자연의 일부라는 사고방식으로 확대되어 간다. 따라서 주택은 두꺼운 벽으로 둘러싸 자연과 단절하는 일이 없었다. 미서기문을 열면 자연이 있고 그대로 연결되어 있다. 벌레나 새도 집에 들어오는 것을 막지 않는다. 정원은 차경으로 충분하며, 산도 숲도 그리고 달조차도 모두가 하나라는 생각이다. 이것이 일본인의 거주방식의 바탕에 깔려 있는 사상이었다.

유럽에서는 인간은 자연과 대립하는 존재이기 때문에 예술이나 문화도 인간이 자연을 극복하는 과정에서 생겨난 것이라고 생각했다. 그래서 건물은 두꺼운 벽으로 구획되어 있고, 도시는 튼튼한 성벽으로 둘러야만 했다. 불교의 윤회사상과는 대조적인 사고였다.

나무를 좋아한 또 다른 이유로 불교의 무상관(無常觀)을 부정할 수 없을 것이다. 우리 조상은 자연도 사회도 항상 변해간다는 것을 깨닫고 있었다. 이 법칙을 거스르지 않고 살아가는 것이 일본인이 살아가는 방식이었다. 따라서 시간에 대한 인식도 달랐다.

유럽에서는 신의 거처는 아테네 신전처럼 영원히 그 모습을 간직하지 않으면 안 됐지만, 일본에서는 이세신궁과 같이 결국은 썩어갈 나무로 만들어도 충분했다. 유럽의 관점에서 보면 20년마다 다시 만드는 신전은 복제물이기 때문에 가치가 낮은 것이라고 생각하겠지만 일본에서는 전통은 마음속에 있는 것이기 때문에 건물의 형태만 전해지면 다시 지어도 가치는 변하지 않는다고 생각한다. 모든 것이 인간과 마찬가지로 유한하고 덧없는 존재라고 알고 있기 때문에 나무처럼 썩어서 자연으로 돌아가는 재료에 마음이 이끌린 것이다. 나무는 불교의 무상관과 통하는 것을 가지고 있었던 것이다. 이것이 유럽의 '돌의 문화', '철의 문화'에 대비되는 일본의 '나무의 문화'이다. 이런 측면에서 보면 건물의 재료로는 나무와 같은 생물 재료가 가장 적합했던 것이 분명하다. 그리고 같은 나무라도 색을 칠하지 않은 자연 그대로의 나무에서 더욱 편안함을 느꼈다. 그래서 히노키나 삼나무와 함께 한 오랜 생활의 역사가 있었던 것이다.

우리는 나무라는 재료를 사용하면서 그런 생각이 몸에 배어 왔는지 아니면 일본인이 원래부터 그런 민족이어서 나무를 좋아하게 되었는지 나는 알 수 없다. 그러나 어느 경우에라도 인간과 나무가 서로 영향을 주고받으며 독특한 '나무의 문화'라는 것을 만들어왔다는 것만은 분명할 것이다. 따라서 나는 나무를 빼고 일본문화를 말하는 것은 불가능하다고 생각한다.

호류지를 지탱한 나무

부록: 건축 고재 자료 일람

(제4장의 실험에 사용한 고재)

※괄호( ) 속 이탤릭체 한자는 일본의 연호

1. 히노키(ヒノキ, 54개)

아스카시대 　・호류지(法隆寺) 오중탑(五重塔): 심주(맨 아래에서 첫
　　　　　　　　번째 것과 두 번째 것), 서까래, 뜬장혀, 4층 뜬장혀,
　　　　　　　　뺄목
　　　　　　　・호린지(法輪寺) 삼중탑(三重塔): 기둥

덴표시대 　・고쿠라쿠인(極樂院) 본당(本堂): 서까래, 중인방, 기둥,
　　　　　　　　마루판, 첨차

헤이안시대 　・뵤도인(平等院) 봉황당(鳳凰堂): 서까래, 지붕재
　　　　　　　・교오고코쿠지(敎王護國寺) 보장(寶藏): 서까래, 인방

가마쿠라시대 　・홋케지(法華寺) 본당: 첨차, 기둥
　　　　　　　・다이호온지(大報恩寺) 본당: 기둥(安貞)
　　　　　　　・렌게오인(蓮華王院) 본당: 보, 도리
　　　　　　　・호류지 오중탑: 서까래
　　　　　　　・고쿠라쿠인 본당: 인방

무로마치시대	• 겐닌지(建仁寺) 칙사문(勅使門): 박공판(말기), 단장혀, 우라고(裏甲. 전기 혹은 중기)*, 첨차(난보쿠쵸시대)
	• 도묘지(燈明寺) 본당: 첨차(應永), 개판
	• 묘신지(妙心寺) 소방장(小方丈): 기둥(文明)
	• 교오고코쿠지 보장: 개판
	• 로쿠온지(鹿苑寺) 금각(金閣): 기둥, 마루판
	• 다이호온지 본당: 도리
모모야마시대 (모두 慶長)	• 니조성(二條城) 미장(米藏): 인방, 멍에, 마루판
	• 호류지 오중탑: 서까래
	• 교오고코쿠지 강당(講堂): 기둥
	• 교오고코쿠지 남대문(南大門): 서까래, 문울거미
	• 고다이지(高臺寺) 개산당(開山堂): 기둥
	• 렌게오인 본당: 인방
	• 엔만인(圓滿院) 신당(宸堂): 평고대, 동자주, 우라고
	• 곤치인(金地院) 팔창석(八窓席): 평고대
에도시대	• 묘신지 소방장: 툇마루 동바리 기둥(元和)
	• 엔랴쿠지(延曆寺) 근본중당(根本中堂): 멍에(寬永)
	• 묘호인(妙法院) 다이쇼인(大書院): 툇마루 동바리 기둥(元和)
	• 곤치인 팔창석: 평고대(寬永)
	• 니시혼간지(西本願寺) 구로쇼인(黑書院): 맹장지 울거미(明曆)
	• 묘신지 소방장: 평고대(明曆)
	• 겐닌지 칙사문: 서까래

---

* 처마 끝의 평고대(茅負) 위에서 바깥으로 돌출되게 설치하는 판재

2. 느티나무(ケヤキ, 14개)

가마쿠라시대 • 고쿠라쿠인 본당: 소로
무로마치시대 • 도묘지 본당: 첨차(應永)
모모야마시대 • 니죠성 가라몬(唐門): 문울거미(慶長)
• 고다이지 개산당: 문둔테(慶長)
• 교오고코쿠지 강당: 소로(慶長), 동자주
• 교오고코쿠지 본당: 주두(慶長), 동자주
• 홋케지 본당: 소로(慶長)
에도시대 • 엔랴쿠지 근본중당: 기둥(寬永), 인방(寬永)
• 기요미즈데라(淸水寺) 본당 무대: 인방(寬永)
• 간온지(觀音寺) 본당 고하이(向拜)**: 기둥(正德),
인방(正德)

3. 참나무(クリ, 6개)

모모야마시대 • 엔만인 신당: 지붕재(慶長)
에도시대 • 묘신지 소방장: 하네기(桔木)***(明曆)
• 곤치인 팔창석: 도리
• 묘호인 다이쇼인: 지붕재(元和)

** 사찰 불전이나 신사 본전의 정면 중앙에 설치된 계단을 덮는 지붕
*** 일본의 목조건축은 헤이안시대에 들어와 비가 많은 일본의 기후에 맞도록 지붕의
물매가 급하게 변하게 되는데, 이 과정에서 서까래 상부에 덧지붕을 만들어
지붕을 이중으로 만드는 노야네(野屋根) 구조가 정착되었다. 하네기(桔木)는 길게
돌출되는 처마를 지탱하기 위해 노야네 속에 설치하는 굵은 부재이다. 노야네
구조에서 처마의 하중은 이 하네기가 전담하기 때문에 이후로 서까래는 장식재의
역할만 하게 되며 당연히 단면 크기도 가늘어졌다.

- 니조성 미장: 기둥의 동바리이음한 부분
- 고묘지(光明寺) 본당: 현어

4. 소나무(マツ, 31개)

무로마치시대	• 도묘지 본당: 첨차(應永), 창방(應永)
	• 홋케지 본당: 지붕재
모모야마시대	• 다이호온지 본당: 동자주(慶長)
	• 교오고코쿠지 남대문: 소로(慶長)
	• 교오고코쿠지 강당: 대들보(慶長), 소로(慶長)
	• 엔만인 신전: 하네기(慶長), 장선, 지붕재
	• 홋케지 본당: 지붕재(慶長), 주두(慶長), 지붕재
	• 곤치인 팔창석: 도리
	• 다이호온지 본당: 지붕재(慶長)
	• 호류지 오중탑: 지붕재(慶長)
	• 교오고코쿠지 남대문: 서까래(慶長)
에도시대	• 묘호인 다이쇼인: 하네기(元和), 인방(元和), 지붕재(元和)
	• 곤치인 팔창석: 지붕재, 장선(寬永)
	• 묘신지 소방장: 하네기, 마루도리(明曆), 보(明曆)
	• 엔랴쿠지 근본중당: 하네기(寬永)
	• 니시혼간지 구로쇼인: 서까래(明曆)
	• 닌나지(仁和寺) 오중탑: 서까래(寬永), 지붕재(寬永)
	• 가쥬지(觀修寺) 오중탑: 지붕재, 장선

5. 삼나무(スギ, 6개)

덴표시대 • 고쿠라쿠인 본당: 개판
가마쿠라시대 • 고묘지 본당: 소로
모모야마시대 • 곤치인 팔창석: 기둥
에도시대 • 니조성 구로쇼인: 개판(寬永)
• 닌나지 오중탑: 지붕재(寬永)
• 니시혼간지 구로쇼인: 기둥(明曆)

6. 솔송나무(ツガ, 4개)

모모야마시대 • 겐닌지 칙사문: 우라고
에도시대 • 니시혼간지 구로쇼인: 보(明曆), 지붕재(明曆)
• 간온지 본당 고하이: 인방(正德)

7. 전나무(モミ, 1개)

에도시대 • 닌나지 오중탑: 하네기(寬永)

8. 나한백(アスナロ, 3개)

모모야마시대 • 니조성 미장: 기둥 하부의 쇄기
에도시대 • 닌나지 오중탑: 우라고(寬永), 개판(寬永)
• 간온지 본당 고하이: 인방(正德)